―― 計算力をつける ――
微分積分 問題集

神永正博・藤田育嗣

共著

内田老鶴圃

本書の全部あるいは一部を断わりなく転載または
複写(コピー)することは,著作権および出版権の
侵害となる場合がありますのでご注意下さい.

まえがき

　本書は，数学を道具として利用する理工系学生向けの微分積分学の入門書『計算力をつける微分積分』の問題集である．同書は幸いにもご好評をいただき，版を重ねてきたが，計算力の養成のためにさらなる問題演習が必要という声が多く，適切な分量の問題集の刊行が望まれていた．本書ではこの要望に応え，691 の問題を作成し，1 冊とした．

　本書は，基本的に『計算力をつける微分積分』の学習内容に沿っている．各章前半には，理解の助けとなる図やグラフと共に，定理や公式等の基本事項がまとめられている．特に問題を解く際に適用しやすい形で書かれているので，教科書を読んだ後でも解けない問題があったらこちらを参照するとよい．各章後半の問題は，A と B に分かれている．A は比較的易しい問題で，教科書の問レベルのものである．B はやや難しい問題だが，教科書の章末問題よりはやや易しいものである．急いで基礎を固めたい場合は，A だけでも一定の計算力は身につけられるはずである．なお，A の各問には関連する節番号が記されている．

　第 1 章では，指数関数，対数関数を，第 2 章では，三角関数，逆三角関数を学習する．これらは，逆三角関数を除けば高等学校の復習だが，3 章以降の微分積分学の学習の中で必要になるものばかりである．理解に不安があれば，適宜問題を解いて確認してみるとよい．3 章以降が理解できない場合，1 章，2 章でつまずいている場合が少なくないからである．例えば，三角関数の積分計算では，三角関数の性質が巧みに利用されるため，積分以前に，三角関数の性質を熟知していなければならない．

　工業高校等からの入学者を想定し，第 3 章，第 4 章は，ほぼ高等学校の「数学 III」に相当する内容になっている．3 章では，テイラー展開，4 章においては，高等学校よりもやや複雑な積分技法と広義積分も学習する．数学 III をすでに学んだ学生は，大学数学の観点から数学 III を学び直すつもりで取り組めば，興味を持てると思う．第 5 章，第 6 章では，2 変数の関数の微分（偏微分）と重積分を扱う．これらは大学における本格的な微分積分学の基礎であり，多くの演習問題をこなして完全に身につけて

ほしい．なお，6章は，教科書では2重積分までしか説明していなかったが，電磁気学等の専門科目で3重積分が頻出するため，いくつか問題を用意した．

　微分積分学は意味の理解もさることながら，計算技術の習得に悩まされる学生が少なくない．実際，微分積分の計算は多様な関数が登場する上，複雑であり，話を聞いただけで理解できる人はほとんどいない．大学の入り口が多様化している昨今では，理工系学部学科の学生であっても，高校で微分積分を未修のまま入学してくることも珍しくない．だが，高等学校とは異なり，大学では1回の講義の進度が速く，どうしても計算練習に十分な時間をかけることができない場合が多い．しかし一方で，計算練習はとても重要である．教科書だけでなく，本問題集の問題を全て解き終えることができれば，大学における微分積分学の基礎をほぼ完璧にマスターしたと言ってよい．分からなかった箇所も，時間をかけて取り組めば，霧が晴れるように分かる瞬間がきっと訪れる．そうして，一歩一歩自分の手で理解したことは血となり肉となっていく．本書で鍛え上げた読者は，より専門的な科目を学ぶ際も，微分積分の計算に悩まされることはなくなっているであろう．

　微分積分学の応用範囲は広大である．人類が数千年かけて到達した叡智の結晶「微分積分学」を活用する一助となれば幸いである．

2013年1月

神永正博・藤田育嗣

目　　次

まえがき i

第1章　指数関数と対数関数
§1.1　指数関数 1
§1.2　対数関数 2
問題 A 4
問題 B 5

第2章　三角関数
§2.1　三角比 7
§2.2　三角関数 7
§2.3　逆三角関数 12
問題 A 13
問題 B 14

第3章　微　分
§3.1　関数の極限 17
§3.2　導関数 18
§3.3　合成関数の微分法 20
§3.4　逆関数の微分法 20
§3.5　ロピタルの定理 21
§3.6　高次導関数 22
§3.7　テイラー展開 22
§3.8　関数の増減とグラフ 23
問題 A 25
問題 B 29

iv　　　　　　　　　　　目　次

第4章　積　分

§4.1　積分とは？ ·· 33
§4.2　不定積分 ·· 33
§4.3　部分積分法 ·· 34
§4.4　置換積分法 ·· 34
§4.5　有理関数の積分 ·· 35
§4.6　三角関数の積分 ·· 36
§4.7　無理関数の積分 ·· 37
§4.8　定積分 ·· 38
§4.9　定積分の応用 ··· 39
§4.10　広義積分 ··· 40
問題 A ·· 41
問題 B ·· 46

第5章　偏微分

§5.1　2変数関数 ··· 53
§5.2　偏導関数 ·· 53
§5.3　合成関数の微分法 ··· 55
§5.4　陰関数の導関数 ·· 55
§5.5　高次偏導関数 ··· 56
§5.6　テイラー展開 ··· 56
§5.7　極値 ·· 57
問題 A ·· 59
問題 B ·· 62

第6章　2重積分

§6.1　2重積分 ·· 65
§6.2　長方形領域上の積分 ··· 65
§6.3　縦(横)線形領域上の積分 ··· 66
§6.4　変数変換 ·· 67
§6.5　2重積分の応用 ·· 68

目　　次　　　　　　　　　　v

　問題 A ………………………………………………… *69*
　問題 B ………………………………………………… *73*

問題解答 ……………………………………………… *77*
索　引………………………………………………… *99*

第1章 指数関数と対数関数

§1.1 指数関数

§1.1.1 指数

指数の拡張 ($a > 0$, $p > 0$, m, n：正の整数)

$$a^0 \stackrel{定義}{=} 1, \quad a^{\frac{m}{n}} \stackrel{定義}{=} \sqrt[n]{a^m}, \quad a^{-p} \stackrel{定義}{=} \frac{1}{a^p}$$

指数法則 ($a > 0$, $b > 0$, p, q：実数)

(i) $a^p a^q = a^{p+q}$

(ii) $(a^p)^q = a^{pq}$

(iii) $(ab)^p = a^p b^p$

§1.1.2 指数関数

$a > 1$ のとき $x_1 < x_2 \implies a^{x_1} < a^{x_2}$ （(狭義)単調増加）

$0 < a < 1$ のとき $x_1 < x_2 \implies a^{x_1} > a^{x_2}$ （(狭義)単調減少）

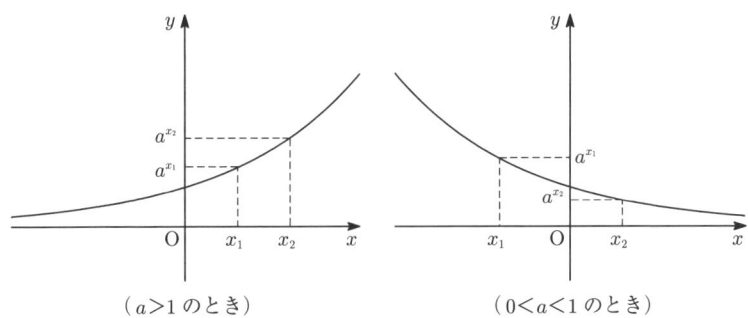

（$a > 1$ のとき） （$0 < a < 1$ のとき）

図 1.1 $y = a^x$

§1.2 対数関数

§1.2.1 対　数

対数 ($a > 0$ ($a \neq 1$), $M > 0$)

$$m = \log_a M \overset{\text{定義}}{\Longleftrightarrow} a^m = M$$

§1.2.2 対数の性質

対数の基本 ($a > 0$ ($a \neq 1$))
- $\log_a 1 = 0$
- $\log_a a = 1$

対数の性質 ($a > 0$ ($a \neq 1$), $M > 0$, $N > 0$, k : 実数)

(ⅰ) $\log_a MN = \log_a M + \log_a N$

(ⅱ) $\log_a \dfrac{M}{N} = \log_a M - \log_a N$

(ⅲ) $\log_a M^k = k \log_a M$

§1.2.3 底の変換

底の変換公式 (a, b, c : 正の数, $a \neq 1$, $c \neq 1$)

$$\log_a b = \frac{\log_c b}{\log_c a}$$

§1.2.4 対数関数

$a > 1$ のとき $x_1 < x_2 \implies \log_a x_1 < \log_a x_2$ （(狭義)単調増加）

$0 < a < 1$ のとき $x_1 < x_2 \implies \log_a x_1 > \log_a x_2$ （(狭義)単調減少）

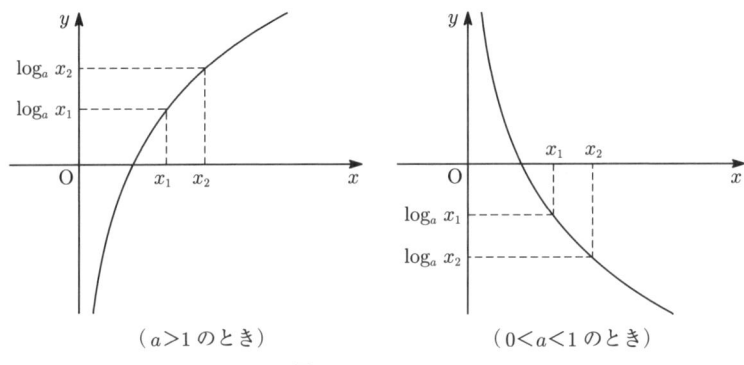

（$a>1$のとき） （$0<a<1$のとき）

図 1.2 $y = \log_a x$

第1章 指数関数と対数関数

問題 A

1. 次の式を簡単にせよ 〈§1.1.1〉.

(1) aa^2a^3

(2) $(a^2)^3 a^2$

(3) $a^{-1}a^2 a^{-3}$

(4) $a^{-3}(a^2)^{-2}$

(5) $\left(\dfrac{a^{-2}}{b^{-3}}\right)^2$

(6) $a^{\frac{1}{2}} a^{-\frac{1}{4}} a^{\frac{1}{3}}$

(7) $\left(a^{-\frac{1}{3}}\right)^{-\frac{1}{2}}$

(8) $\left(a^{-\frac{3}{2}} b^{\frac{3}{5}}\right)^{\frac{1}{3}}$

(9) $\left(\dfrac{a^{\frac{1}{3}} b^{-\frac{1}{2}}}{a^2 b^{-\frac{1}{3}}}\right)^{-2}$

(10) $\sqrt[3]{\sqrt[4]{a}\sqrt{a}}$

(11) $\left(\sqrt{a}\sqrt[3]{b}\right)^{-\frac{1}{2}}$

(12) $\dfrac{\sqrt[4]{ab^2}}{\sqrt[3]{a^2}\sqrt{b^3}}$

2. 次の値を求めよ 〈§1.1.1〉.

(1) $64^{\frac{2}{3}}$

(2) $81^{-\frac{3}{4}}$

(3) $\left(25^{\frac{3}{4}}\right)^{-2}$

(4) $\left(216^{\frac{1}{2}}\right)^{\frac{2}{3}}$

(5) $32^{-1.2}$

(6) $3^{\frac{3}{2}} \div 3^{-\frac{3}{2}}$

(7) $8^{\frac{5}{6}} \times 8^{-\frac{1}{2}} \div 8^{\frac{1}{3}}$

(8) $\sqrt[3]{16} \div \sqrt[3]{4} \times \sqrt[3]{2}$

3. 次の値を求めよ 〈§1.2.1〉.

(1) $\log_5 625$

(2) $\log_9 3$

(3) $\log_{10} 10\sqrt{10}$

(4) $\log_{\frac{1}{2}} 32$

4. 次の式を簡単にせよ 〈§1.2.2, §1.2.3〉.

(1) $\log_2 6 + \log_2 \dfrac{2}{3}$

(2) $\log_3 40 - \log_3 20$

(3) $\log_3 \sqrt[4]{27}$

(4) $\log_{10} 28 - \log_{10} 35 + \log_{10} 125$

(5) $\log_5 \sqrt{45} + \log_5 \dfrac{5}{3}$ (6) $3\log_2 3 - 2\log_2 \sqrt{6} + \dfrac{1}{2}\log_2 12$

(7) $\log_{64} 32$ (8) $\log_3 8 \cdot \log_2 9$

(9) $\log_2 \dfrac{1}{9} \div \log_9 \dfrac{1}{2}$ (10) $\log_2 6 - \log_4 9 - \log_8 24$

5. 次の方程式，不等式を解け〈§1.1.1, §1.1.2, §1.2.1, §1.2.4〉．

(1) $2^x = \dfrac{1}{32}$ (2) $3^{x-2} = \dfrac{1}{\sqrt[3]{9}}$

(3) $25^x > \sqrt{125}$ (4) $\left(\dfrac{1}{27}\right)^x \leq 9^{-3}$

(5) $\log_3(x-1) = 2$ (6) $\log_2(3x-1) < 3$

問題 B

1. 次の数を小さい方から順に並べよ．

(1) $\sqrt[3]{16},\quad \sqrt[4]{32},\quad \sqrt[5]{64}$

(2) $\dfrac{1}{\sqrt[4]{3^5}},\quad 27^{-\frac{1}{2}},\quad \left(3^{\frac{1}{5}}\right)^{-6}$

(3) $\log_2 \sqrt{3},\quad \dfrac{1}{2},\quad -\log_2 \dfrac{2}{3}$

(4) $-\log_{\frac{1}{3}} \dfrac{3}{8},\quad \dfrac{1}{2}\log_{\frac{1}{3}} 10,\quad -1$

2. 次の方程式，不等式を解け．

(1) $2^{2x} - 3\cdot 2^x + 2 = 0$

(2) $9^{x+1} - 10\cdot 3^x + 1 < 0$

(3) $2\log_2\left(x+\sqrt{2}\right) = -1$

(4) $\log_{10} x + \log_{10}(2x-1) = \log_{10}(2x+5)$

(5) $2\log_{\frac{1}{3}}(x-2) \geq \log_{\frac{1}{3}}(-2x+7)$

(6) $\log_{\frac{1}{2}}(3-4x) - \log_{\frac{1}{2}}(2-x) < \log_{\frac{1}{2}}(1-2x)$

3. 次の数を $a \times 10^n$ ($1 \leq a < 10$, n:整数) の形に表したとき，n の値を求めよ．ただし，$\log_{10} 2 = 0.3010$, $\log_{10} 3 = 0.4771$ とする．

(1) 2^{30} (2) 6^{20}

(3) 0.3^{40} (4) 0.25^{25}

参考：(1), (2) の n の値は「何桁の数か」を表し，(3), (4) の n の値の絶対値 $|n|(=-n)$ は「小数第何位に初めて 0 でない数字が現れるか」を表す．

第2章 三角関数

§2.1 三角比

三角比

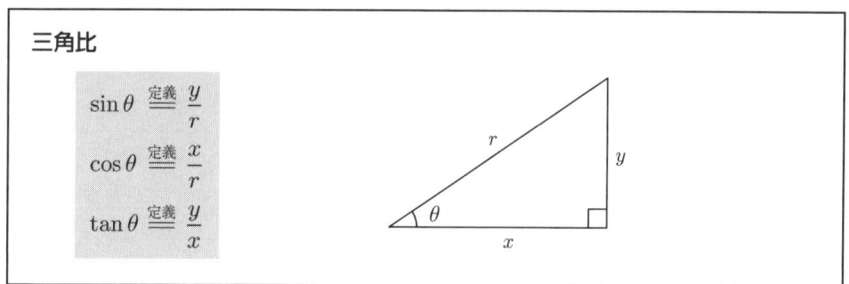

基本的な直角三角形の辺の比

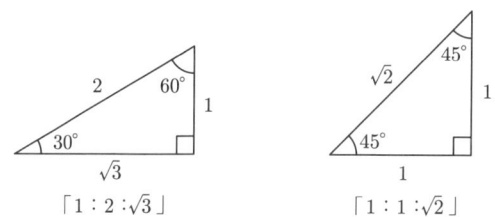

§2.2 三角関数

§2.2.1 弧度法

弧度法

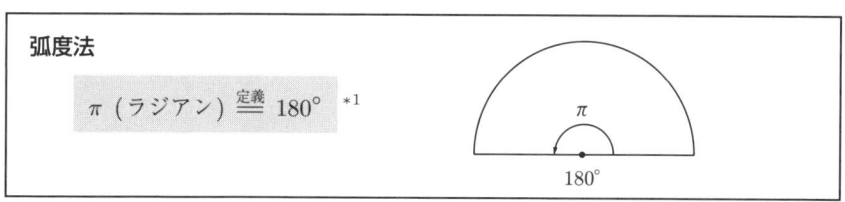

[*1] 通常,弧度法の単位ラジアンは省略する.

基本的な角度の弧度法表記

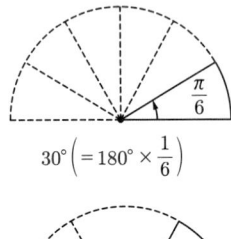

$30°\left(=180°\times\dfrac{1}{6}\right)$

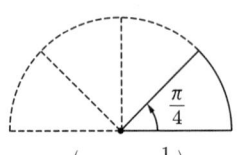

$45°\left(=180°\times\dfrac{1}{4}\right)$

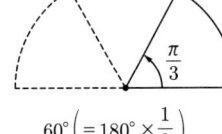

$60°\left(=180°\times\dfrac{1}{3}\right)$

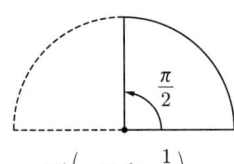

$90°\left(=180°\times\dfrac{1}{2}\right)$

§2.2.2 三角関数

三角関数 ($P(x,y)$ (単位円 O 上), $A(1,0)$, $\angle POA=\theta$)

$$\sin\theta \stackrel{定義}{=\!=} y$$
$$\cos\theta \stackrel{定義}{=\!=} x$$
$$\tan\theta \stackrel{定義}{=\!=} \dfrac{y}{x}$$

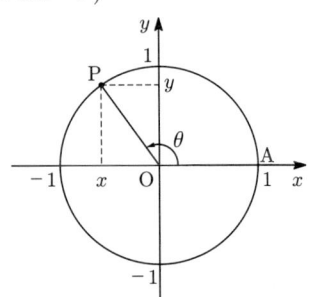

三角関数の基本性質

- $-1 \leq \sin\theta \leq 1, \quad -1 \leq \cos\theta \leq 1 \quad (-\infty < \tan\theta < \infty)$

- $\sin(-\theta) = -\sin\theta, \quad \cos(-\theta) = \cos\theta, \quad \tan(-\theta) = -\tan\theta$

- $\tan\theta = \dfrac{\sin\theta}{\cos\theta}$

- $\sin^2\theta + \cos^2\theta = 1$

- $1 + \tan^2\theta = \dfrac{1}{\cos^2\theta}$

§2.2.3 三角関数のグラフ

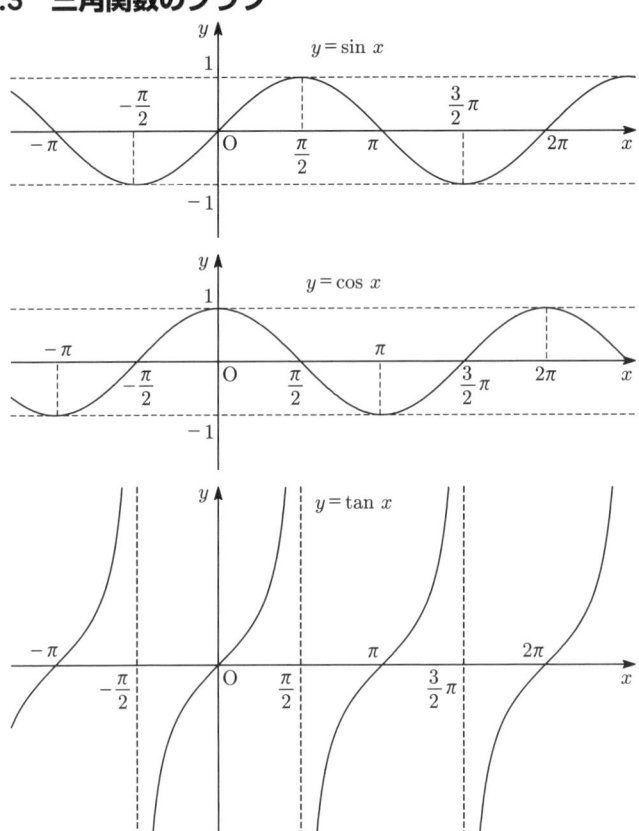

三角関数の周期

$\left. \begin{array}{l} y = \sin x \\ y = \cos x \end{array} \right\}$ の周期 $= 2\pi$

$y = \tan x$ の周期 $= \pi$

$$\sin(x + 2\pi) = \sin x$$
$$\cos(x + 2\pi) = \cos x$$
$$\tan(x + \pi) = \tan x$$

§2.2.4 加法定理

加法定理

$$\sin(\alpha \pm \beta) = \sin\alpha\cos\beta \pm \cos\alpha\sin\beta$$
$$\cos(\alpha \pm \beta) = \cos\alpha\cos\beta \mp \sin\alpha\sin\beta$$
$$\tan(\alpha \pm \beta) = \frac{\tan\alpha \pm \tan\beta}{1 \mp \tan\alpha\tan\beta} \quad (\text{すべて複号同順})$$

2 倍角の公式

$$\sin 2\alpha = 2\sin\alpha\cos\alpha$$
$$\cos 2\alpha = \cos^2\alpha - \sin^2\alpha = 2\cos^2\alpha - 1 = 1 - 2\sin^2\alpha$$
$$\tan 2\alpha = \frac{2\tan\alpha}{1 - \tan^2\alpha}$$

半角の公式

$$\cos^2\frac{\alpha}{2} = \frac{1 + \cos\alpha}{2}$$
$$\sin^2\frac{\alpha}{2} = \frac{1 - \cos\alpha}{2}$$

和と積の公式【和→積】

$$\sin A + \sin B = 2\sin\frac{A+B}{2}\cos\frac{A-B}{2}$$
$$\sin A - \sin B = 2\cos\frac{A+B}{2}\sin\frac{A-B}{2}$$
$$\cos A + \cos B = 2\cos\frac{A+B}{2}\cos\frac{A-B}{2}$$
$$\cos A - \cos B = -2\sin\frac{A+B}{2}\sin\frac{A-B}{2}$$

和と積の公式【積→和】

$$\sin\alpha\cos\beta = \frac{1}{2}\{\sin(\alpha+\beta)+\sin(\alpha-\beta)\}$$
$$\cos\alpha\sin\beta = \frac{1}{2}\{\sin(\alpha+\beta)-\sin(\alpha-\beta)\}$$
$$\cos\alpha\cos\beta = \frac{1}{2}\{\cos(\alpha+\beta)+\cos(\alpha-\beta)\}$$
$$\sin\alpha\sin\beta = -\frac{1}{2}\{\cos(\alpha+\beta)-\cos(\alpha-\beta)\}$$

§2.2.5　三角関数の合成

三角関数の合成

$$a\sin\theta + b\cos\theta = \sqrt{a^2+b^2}\sin(\theta+\alpha)$$

$$\left(ただし,\ \sin\alpha = \frac{b}{\sqrt{a^2+b^2}},\ \cos\alpha = \frac{a}{\sqrt{a^2+b^2}}\right)$$

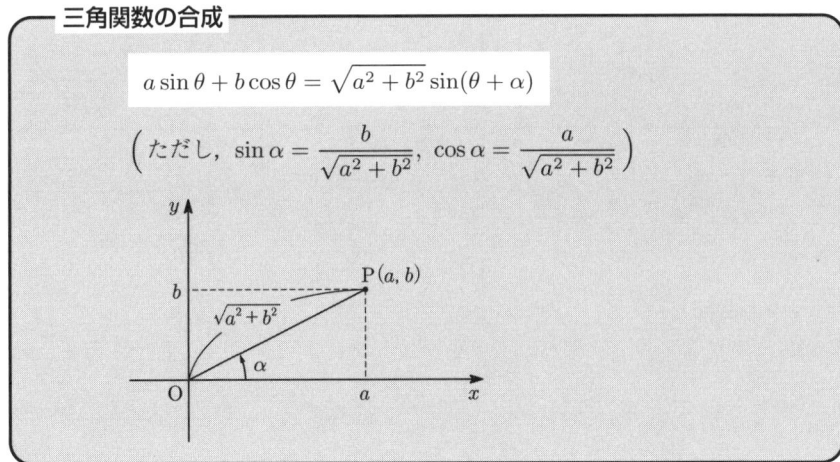

§2.3　逆三角関数

> **逆三角関数**
>
> $y = \sin^{-1} x \overset{\text{定義}}{\iff} x = \sin y \quad \left(-\dfrac{\pi}{2} \le y \le \dfrac{\pi}{2}\right)$
>
> $y = \cos^{-1} x \overset{\text{定義}}{\iff} x = \cos y \quad (0 \le y \le \pi)$
>
> $y = \tan^{-1} x \overset{\text{定義}}{\iff} x = \tan y \quad \left(-\dfrac{\pi}{2} < y < \dfrac{\pi}{2}\right)$

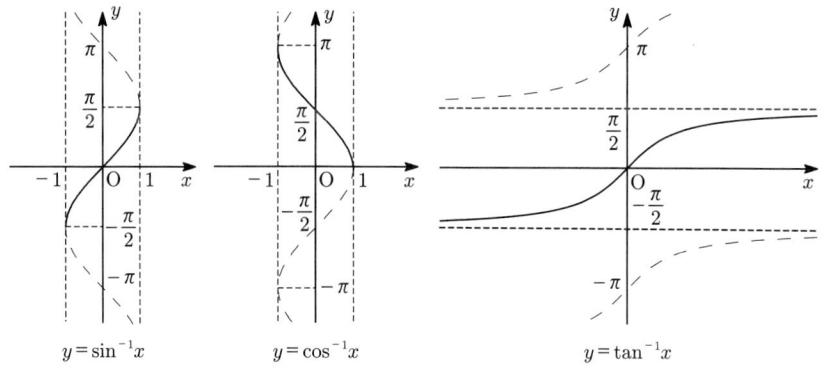

問題 A

1. 次の値を求めよ 〈§2.2.2, §2.2.4, §2.3〉.

(1) $\cos \dfrac{2}{3}\pi$

(2) $\sin\left(-\dfrac{\pi}{2}\right)$

(3) $\tan \dfrac{5}{6}\pi$

(4) $\sin \dfrac{5}{4}\pi$

(5) $\cos\left(-\dfrac{\pi}{6}\right)$

(6) $\tan\left(-\dfrac{3}{4}\pi\right)$

(7) $\cos \dfrac{\pi}{12}$

(8) $\sin \dfrac{11}{12}\pi$

(9) $\tan \dfrac{5}{12}\pi$

(10) $\sin^{-1}\left(-\dfrac{1}{2}\right)$

(11) $\cos^{-1}\left(-\dfrac{1}{2}\right)$

(12) $\tan^{-1}\left(-\sqrt{3}\right)$

2. $0 \leq x < 2\pi$ のとき,次の方程式,不等式を解け 〈§2.2.2〉.

(1) $\sin x = -\dfrac{1}{2}$

(2) $\sqrt{3}\tan x = 1$

(3) $2\cos x + \sqrt{3} = 0$

(4) $\tan x < 1$

(5) $\cos x \geq \dfrac{1}{2}$

(6) $2\sqrt{3}\sin x - 3 < 0$

3. 次の式を $r\sin(\theta + \alpha)$ の形にせよ 〈§2.2.5〉.

(1) $\sin\theta + \cos\theta$

(2) $\sin\theta + \sqrt{3}\cos\theta$

(3) $\sqrt{3}\sin\theta - \cos\theta$

(4) $\cos\theta - \sin\theta$

4. 次の周期関数の周期を求めよ 〈§2.2.3, §2.2.4, §2.2.5〉.

(1) $y = \dfrac{1}{2}\cos x$

(2) $y = \tan\left(\dfrac{x}{4} + \pi\right)$

(3) $y = -\sin^2 x$

(4) $y = \sin 2x - \cos 2x$

問題 B

1. 次の値を求めよ．

(1) $\sin \dfrac{5}{8}\pi$

(2) $\cos \left(-\dfrac{5}{8}\pi\right)$

(3) $\tan \dfrac{5}{8}\pi$

(4) $\cos \dfrac{5}{12}\pi + \cos \dfrac{\pi}{12}$

(5) $\sin \dfrac{11}{12}\pi \cos \dfrac{5}{12}\pi$

(6) $\sin \dfrac{\pi}{12} - \sqrt{3} \cos \dfrac{\pi}{12}$

(7) $\sin \left(\cos^{-1} \dfrac{3}{5}\right)$

(8) $\cos \left(\sin^{-1} \dfrac{1}{3}\right)$

(9) $\cos \left(\tan^{-1} 2\right)$

(10) $\tan \left(\sin^{-1} \dfrac{1}{4}\right)$

2. $0 \leq x < 2\pi$ のとき，次の方程式，不等式を解け．

(1) $\sin 2x - \cos x = 0$

(2) $\cos 2x - \cos x = 0$

(3) $\cos 2x - 5\sin x - 3 \geq 0$

(4) $\sin 2x > \sqrt{2} \sin x$

(5) $\sin x + \cos x = -1$

(6) $\sin x - \sqrt{3} \cos x < \sqrt{2}$

3. (1) 加法定理 (p.10) を使って，等式

$$\sin \left(\dfrac{\pi}{2} - x\right) = \cos x$$

を示せ．

(2) (1) の等式を使って，等式

$$\sin^{-1} x + \cos^{-1} x = \dfrac{\pi}{2}$$

を示せ．

ヒント：$\cos^{-1} x = y$ とおいて，$\sin^{-1} x$ を y で表す．

4. 次の等式を示せ．

(1) $\sin\left(\cos^{-1}x\right) = \sqrt{1-x^2}$ 　　(2) $\cos\left(\sin^{-1}x\right) = \sqrt{1-x^2}$

(3) $\cos^2\left(\tan^{-1}x\right) = \dfrac{1}{1+x^2}$ 　　(4) $\tan^2\left(\sin^{-1}x\right) = \dfrac{x^2}{1-x^2}$

第3章 微分

§3.1 関数の極限

極限の基本1

- $\displaystyle\lim_{x\to\infty}\frac{1}{x}=0$
- $\displaystyle\lim_{x\to-\infty}\frac{1}{x}=0$
- $\displaystyle\lim_{x\to+0}\frac{1}{x}=\infty$
- $\displaystyle\lim_{x\to-0}\frac{1}{x}=-\infty$

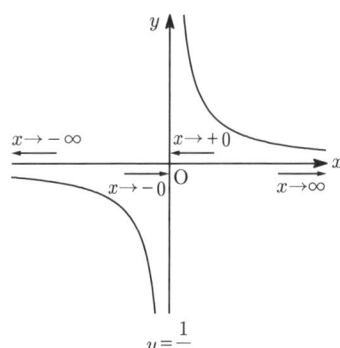

ネイピアの数と自然対数

$e \stackrel{定義}{=} \displaystyle\lim_{x\to\infty}\left(1+\frac{1}{x}\right)^x$ ：ネイピアの数

（※ $e = 2.71828\cdots$ ）

$\log A \stackrel{定義}{=} \log_e A$ ：自然対数

極限の基本 2

- $\lim\limits_{x \to \infty} e^x = \infty$
- $\lim\limits_{x \to -\infty} e^x = 0$

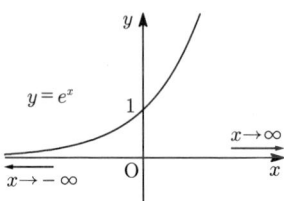

- $\lim\limits_{x \to \infty} \log x = \infty$
- $\lim\limits_{x \to +0} \log x = -\infty$

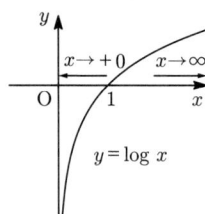

極限の公式

$$\lim_{x \to 0} \frac{e^x - 1}{x} = 1$$

$$\lim_{x \to 0} \frac{\sin x}{x} = 1$$

§3.2 導関数

微分係数 (右辺の極限値が存在するとき)

$$f'(a) \stackrel{定義}{=} \lim_{h \to 0} \frac{f(a+h) - f(a)}{h} \quad [x = a \text{ における微分係数}]$$

$(=$「曲線 $y = f(x)$ 上の点 $(a, f(a))$ における接線の傾き」$)$

§3.2 導関数

曲線 $y = f(x)$ 上の点 $(a, f(a))$ における接線の方程式

$$y = f'(a)(x - a) + f(a)$$

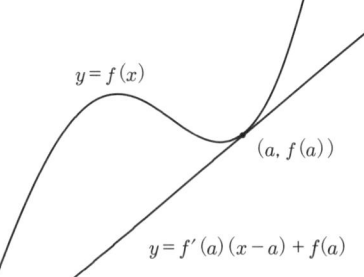

導関数（右辺の極限値が存在するとき）

$$f'(x) \overset{\text{定義}}{=\!=} \lim_{h \to 0} \frac{f(x+h) - f(x)}{h}$$

導関数を表す記号（$y = f(x)$ のとき）

$f'(x)$, y', $\dfrac{d}{dx}f(x)$, $\dfrac{dy}{dx}$

導関数の公式 1

$$(C)' = 0 \qquad (C：定数)$$
$$(x^n)' = nx^{n-1} \qquad (n：正の整数)$$
$$(e^x)' = e^x$$
$$(\sin x)' = \cos x$$
$$(\cos x)' = -\sin x$$
$$(\tan x)' = \frac{1}{\cos^2 x}$$

導関数の性質

(i) $\{kf(x)\}' = kf'(x)$　（k：定数）

(ii) $\{f(x) + g(x)\}' = f'(x) + g'(x)$

$\{f(x) - g(x)\}' = f'(x) - g'(x)$

(iii) $\{f(x)g(x)\}' = f'(x)g(x) + f(x)g'(x)$　（積の微分）

(iv) $\left\{\dfrac{f(x)}{g(x)}\right\}' = \dfrac{f'(x)g(x) - f(x)g'(x)}{\{g(x)\}^2}$　（商の微分）

特に（$f(x) = 1$ のとき）

$\left\{\dfrac{1}{g(x)}\right\}' = -\dfrac{g'(x)}{\{g(x)\}^2}$

§3.3　合成関数の微分法

合成関数の微分法（$y = f(u)$, $u = g(x)$ のとき）

$$\frac{dy}{dx} = \frac{dy}{du} \cdot \frac{du}{dx} = \frac{d}{du}f(u) \cdot \frac{d}{dx}g(x)$$

§3.4　逆関数の微分法

逆関数の微分法（$y = f(x)$, $x = f^{-1}(y)$ のとき）

$$\frac{dy}{dx} = \frac{1}{\dfrac{dx}{dy}} = \frac{1}{\dfrac{d}{dy}f^{-1}(y)}$$

対数微分法

$y = f(x)$ とおき，$\log|y| = \log|f(x)|$ の両辺を x で微分

左辺 $\cdots$ $\bigl(\log|y|\bigr)' = \dfrac{y'}{y}$

右辺 $\cdots$ 対数の性質（p.2）を利用して変形してから微分

導関数の公式 2

$$(x^\alpha)' = \alpha x^{\alpha-1} \quad (\alpha:実数)$$

$$(\log|x|)' = \frac{1}{x}$$

$$(\sin^{-1}x)' = \frac{1}{\sqrt{1-x^2}}$$

$$(\cos^{-1}x)' = -\frac{1}{\sqrt{1-x^2}}$$

$$(\tan^{-1}x)' = \frac{1}{1+x^2}$$

§3.5 ロピタルの定理

不定形の極限

$$\lim_{x \to a} \frac{f(x)}{g(x)} : 不定形の極限$$

$\overset{定義}{\iff}$

$$\lim_{x \to a} f(x) = \lim_{x \to a} g(x) = 0$$

または

$$\lim_{x \to a} |f(x)| = \lim_{x \to a} |g(x)| = \infty \text{ *1}$$

ロピタルの定理

$$\lim_{x \to a} \frac{f(x)}{g(x)} : 不定形の極限$$

$$\lim_{x \to a} \frac{f'(x)}{g'(x)} = A$$

$$\implies \lim_{x \to a} \frac{f(x)}{g(x)} = A$$

---

*1 $\lim_{x \to a} f(x) = \infty,\ \lim_{x \to a} g(x) = -\infty$ や $\lim_{x \to a} f(x) = -\infty,\ \lim_{x \to a} g(x) = \infty$ の場合にも $\lim_{x \to a} \frac{f(x)}{g(x)}$ を不定形の極限と呼ぶ.

§3.6 高次導関数

第 n 次導関数を表す記号 ($y=f(x)$ のとき)[*2]

$$f^{(n)}(x),\ y^{(n)},\ \frac{d^n}{dx^n}f(x),\ \frac{d^n y}{dx^n}$$

---**三角関数の高次導関数**---

$$(\sin x)^{(n)} = \sin\left(x+\frac{n}{2}\pi\right)$$
$$(\cos x)^{(n)} = \cos\left(x+\frac{n}{2}\pi\right) \qquad (n=1,2,\cdots)$$

§3.7 テイラー展開

テイラー展開 [$x=a$ におけるテイラー展開]

$$f(x) = f(a) + \frac{f'(a)}{1!}(x-a) + \frac{f''(a)}{2!}(x-a)^2$$
$$+ \cdots + \frac{f^{(n)}(a)}{n!}(x-a)^n + \cdots$$

マクローリン展開

$$f(x) = f(0) + \frac{f'(0)}{1!}x + \frac{f''(0)}{2!}x^2 + \cdots + \frac{f^{(n)}(0)}{n!}x^n + \cdots$$

(=「 $x=0$ におけるテイラー展開」)

---**マクローリン展開の公式**---

$$e^x = 1 + \frac{1}{1!}x + \frac{1}{2!}x^2 + \frac{1}{3!}x^3 + \cdots + \frac{1}{n!}x^n + \cdots$$

$$\sin x = x - \frac{1}{3!}x^3 + \frac{1}{5!}x^5 - \cdots + \frac{(-1)^k}{(2k+1)!}x^{2k+1} + \cdots$$

$$\cos x = 1 - \frac{1}{2!}x^2 + \frac{1}{4!}x^4 - \cdots + \frac{(-1)^k}{(2k)!}x^{2k} + \cdots$$

$$\log(1+x) = x - \frac{1}{2}x^2 + \frac{1}{3}x^3 - \cdots + \frac{(-1)^{n-1}}{n}x^n + \cdots \qquad (-1 < x \leq 1)$$

[*2] 通常, 第 2 次導関数を $f''(x), y''$, 第 3 次導関数を $f'''(x), y'''$ と表す.

§3.8 関数の増減とグラフ

関数の増減

$f'(c) > 0 \iff x = c$ の近くで $f(x)$ は増加

$f'(c) < 0 \iff x = c$ の近くで $f(x)$ は減少

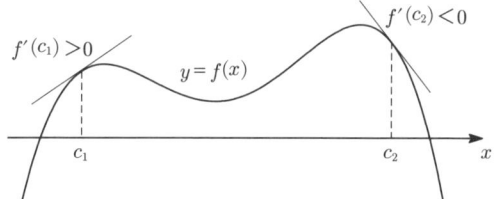

極値の判定

$f(x)$ が $x = c$ で極値をとる
$\iff x = c$ を境に $f'(x)$ の正負が変わる
$\implies f'(c) = 0$

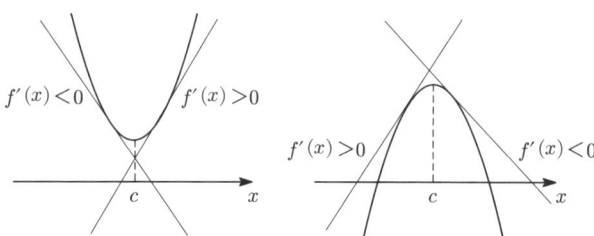

曲線の凹凸

$f''(c) > 0 \iff x = c$ の近くで $f(x)$ は下に凸

$f''(c) < 0 \iff x = c$ の近くで $f(x)$ は上に凸

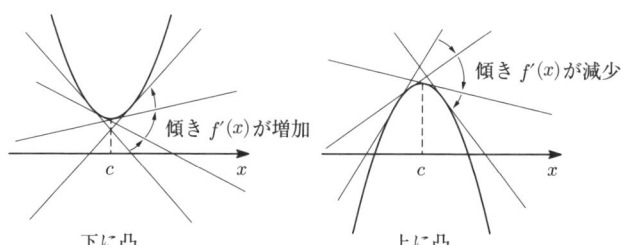

変曲点の判定

点 $(c, f(c))$ が変曲点
$\iff x = c$ を境に $f''(c)$ の正負が変わる
$\implies f''(c) = 0$

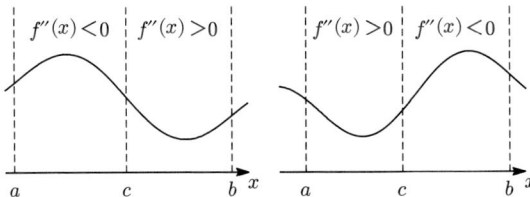

問題 A

1. 次の極限を求めよ 〈§3.1〉.

(1) $\displaystyle\lim_{x\to 2}\frac{x^2-5x+6}{3x^2-12}$

(2) $\displaystyle\lim_{x\to\infty}\frac{x^2-5x+6}{3x^2-12}$

(3) $\displaystyle\lim_{x\to 1+0}\frac{x-1}{\sqrt{x^3-1}}$

(4) $\displaystyle\lim_{x\to -1}\frac{3x+\sqrt{x+10}}{x+1}$

(5) $\displaystyle\lim_{x\to 1}\frac{x-1}{\sqrt{2-x}-\sqrt{x}}$

(6) $\displaystyle\lim_{x\to\infty}\left(\sqrt{x^2+1}-x\right)$

(7) $\displaystyle\lim_{x\to\infty}x\left(\sqrt{x^2+1}-x\right)$

(8) $\displaystyle\lim_{x\to 0}\frac{e^{3x}-1}{e^x-1}$

(9) $\displaystyle\lim_{x\to\infty}\frac{e^x-e^{-x}}{e^x+e^{-x}}$

(10) $\displaystyle\lim_{x\to\infty}\{\log(x+1)-\log x\}$

(11) $\displaystyle\lim_{x\to\infty}\{\log(x+1)-2\log x\}$

(12) $\displaystyle\lim_{x\to\frac{\pi}{2}}\frac{\cos^2 x}{1-\sin x}$

(13) $\displaystyle\lim_{x\to 0}\frac{\sin 2x}{\sin x}$

(14) $\displaystyle\lim_{x\to\frac{\pi}{4}}\frac{\cos 2x}{\cos x-\sin x}$

(15) $\displaystyle\lim_{x\to\frac{\pi}{2}-0}\tan x$

(16) $\displaystyle\lim_{x\to -\infty}\tan^{-1}x$

2. 次の曲線の ( ) 内の点 P における接線の方程式を求めよ 〈§3.2〉.

(1) $y=x^2$ $\left(\mathrm{P}(\sqrt{2},2)\right)$

(2) $y=e^x$ $\left(\mathrm{P}(0,1)\right)$

(3) $y=\sin x$ $\left(\mathrm{P}\left(\dfrac{\pi}{4},\dfrac{1}{\sqrt{2}}\right)\right)$

(4) $y=\tan x$ $\left(\mathrm{P}\left(\dfrac{\pi}{3},\sqrt{3}\right)\right)$

3. 次の関数を微分せよ 〈§3.2〉.

(1) $-5x^5+4x^4-3x^3+2x^2-x$

(2) $\dfrac{1}{x^{10}}$

(3) $\dfrac{x^3-2x^2+3x-4}{x}$

(4) $(x^2-3x+4)(x^2-3x-1)$

(5) $\dfrac{x^2-3x+4}{x^2-3x-1}$

(6) $(x^2+2x+2)e^x$

(7) $\dfrac{x^2+2x+2}{e^x}$

(8) $\dfrac{\tan x}{x}$

(9) $\sin x \cos x$ (10) $\dfrac{\cos x}{1+\sin x}$

(11) $xe^x \sin x$ (12) $\dfrac{x+1}{xe^x}$

4. 次の関数を微分せよ〈§3.3〉.

(1) $(x^2+1)^4$ (2) $\dfrac{1}{(x^2+1)^4}$

(3) $(x^2+x+1)^2(3x^2-2x+1)$ (4) $\left(\dfrac{2x+3}{3x+2}\right)^3$

(5) e^{-x^2} (6) $\sin(3x^2-2x+1)$

(7) $\dfrac{1}{\cos^2 x}$ (8) $\tan\dfrac{1}{x}$

(9) $e^{\sin x}$ (10) $\cos e^x$

(11) $e^{2x}\sin 3x$ (12) $\sin(\cos x)$

(13) $\cos^4 2x$ (14) $\cosh x$

(15) $\sinh x$ (16) $\tanh x$ [*3]

5. 次の関数を微分せよ〈§3.3, §3.4〉.

(1) $\sqrt{x}+\dfrac{1}{\sqrt{x}}$ (2) $x^{\frac{5}{2}}-2x^{\frac{3}{4}}+3x^{-\frac{4}{3}}-x^{-\frac{2}{5}}$

(3) $\sqrt[4]{3x^2-2x+1}$ (4) $\left(x+\sqrt{x^2-1}\right)^3$

(5) $\sin\sqrt{x}$ (6) $\sqrt{\cos x}$

(7) $\log\left|1-x^2\right|$ (8) $\log\sqrt{x^2+1}$

(9) $\log\left(\sqrt{x}+\sqrt{x+1}\right)$ (10) $(\log x)^2$

(11) $\log\left(\cos^2 x\right)$ (12) $\log\dfrac{(x-1)^2}{x^2+1}$

[*3] $\cosh x=\dfrac{e^x+e^{-x}}{2}$, $\sinh x=\dfrac{e^x-e^{-x}}{2}$, $\tanh x=\dfrac{\sinh x}{\cosh x}$ と定める. これらを**双曲線関数**と呼ぶ.

(13) $\sin^{-1}\dfrac{x}{\sqrt{2}}$ (14) $\cos^{-1} x^2$

(15) $\tan^{-1}\sqrt{x}$ (16) $\left(\sin^{-1} x\right)^2$

6. 公式

$$\boxed{(a^x)' = a^x \log a} \qquad (a > 0)$$

を次の 2 通りの方法で示せ ⟨§3.3, §3.4⟩.

(1) 等式 $a^x = e^{x \log a}$ を用いる方法.

(2) 対数微分法 (p. 20) を用いる方法.

7. 対数微分法 (p. 20) を使って，次の関数を微分せよ ⟨§3.4⟩.

(1) $y = x^{\sqrt{x}}$ (2) $y = \left(\sqrt{x}\right)^x$

(3) $y = x^{\sin x} \quad (x > 0)$ (4) $y = a^{x^2} \quad (a > 0)$

(5) $y = \dfrac{(2x-1)^5}{x^2 (x+1)^3}$ (6) $y = \sqrt{\dfrac{(x-1)^5}{(x+1)^3}}$

8. ロピタルの定理(p. 21) を使って，次の極限を求めよ ⟨§3.5⟩.

(1) $\displaystyle\lim_{x \to 0} \dfrac{1 - \cos x}{\sin x}$ (2) $\displaystyle\lim_{x \to \frac{\pi}{2}} \dfrac{\cos x}{2x - \pi}$

(3) $\displaystyle\lim_{x \to \infty} \dfrac{x^3}{e^x}$ (4) $\displaystyle\lim_{x \to \infty} \dfrac{(\log x)^3}{x}$

(5) $\displaystyle\lim_{x \to 0} \dfrac{x - \sin x}{x^3}$ (6) $\displaystyle\lim_{x \to 0} \dfrac{x - \log(1+x)}{x^2}$

(7) $\displaystyle\lim_{x \to \infty} \dfrac{\log(2x+1)}{\log(3x+1)}$ (8) $\displaystyle\lim_{x \to 0} \dfrac{\log(2x+1)}{\log(3x+1)}$

(9) $\displaystyle\lim_{x \to \infty} \dfrac{\log(x^2+1)}{\log(x^4+1)}$ (10) $\displaystyle\lim_{x \to 0} \dfrac{\log(x^2+1)}{\log(x^4+1)}$

(11) $\displaystyle\lim_{x \to 1} \dfrac{\sin \pi x}{\log x}$ (12) $\displaystyle\lim_{x \to \pi} \dfrac{\tan x}{\sin \frac{x}{4} - \cos \frac{x}{4}}$

9. 次の関数の第 3 次導関数を求めよ〈§3.6〉.

(1) $f(x) = \dfrac{1}{(1+2x)^{10}}$ (2) $f(x) = \sqrt[3]{1-x}$

(3) $f(x) = \dfrac{1}{\sqrt{1+x}}$ (4) $f(x) = e^{x^2}$

(5) $f(x) = \tan x$ (6) $f(x) = \log(1-x^2)$

(7) $f(x) = e^{-x}\sin x$ (8) $f(x) = \sin^{-1} x$

10. 9 の各関数のマクローリン展開を x^3 の項まで求めよ〈§3.7〉.

11. 10 の結果を利用して，次の数の近似値を求めよ (小数第 4 位を四捨五入し，小数第 3 位まで求めよ)〈§3.7〉.

(1) $\dfrac{1}{1.01^{10}}$ (2) $\sqrt[3]{0.99}$

(3) $\dfrac{1}{\sqrt{1.002}}$ (4) $e^{\frac{1}{81}}$

(5) $\tan 0.011$ (6) $\log 0.9984$

(7) $\dfrac{\sin \frac{1}{5}}{e^{\frac{1}{5}}}$ (8) $\sin^{-1}\dfrac{1}{20}$

12. マクローリン展開の公式 (p. 22) を利用して，次の関数のマクローリン展開を求めよ〈§3.7〉.

(1) $f(x) = -e^{-x}$ (2) $f(x) = \cos 3x$

(3) $f(x) = x - \sin x$ (4) $f(x) = \log(1-2x)$

13. 次の関数の増減を調べ，グラフの概形を描け〈§3.8〉.

(1) $y = 2x^3 - x^2 - 4x + 3$ (2) $y = \dfrac{1}{3}x^4 - \dfrac{8}{3}x^2 - 3$

(3) $y = x + \dfrac{1}{x}$ (4) $y = \dfrac{1}{x^2+1}$

(5) $y = \sqrt{x^2-1}$ (6) $y = \sqrt{1-x^2}$

(7) $y = e^x - x$ (8) $y = x - \log x$

(9) $y = \dfrac{1}{2}x - \sin x$ ($-\pi \leq x \leq \pi$) (10) $y = \sinh x$

(11) $y = \cosh x$ (12) $y = \tanh x$

(13) $y = \dfrac{1}{\sin x}$ ($0 < x < \pi$) (14) $y = \dfrac{1}{\cos x}$ ($-\dfrac{\pi}{2} < x < \dfrac{\pi}{2}$)

(15) $y = \dfrac{1}{\tan x}$ ($0 < x < \pi$) (16) $y = e^{-\frac{x^2}{2}}$

(17) $y = xe^x$ (18) $y = \dfrac{e^x}{x}$

(19) $y = x \log x$ (20) $y = \dfrac{x}{\log x}$

問題 B

1. e の定義 (p. 17) や極限の公式 (p. 18) を利用して, 次の極限を求めよ.

(1) $\displaystyle\lim_{x \to 0} \dfrac{e^{x+a} - e^a}{x}$ (a : 定数)

(2) $\displaystyle\lim_{x \to 0} \dfrac{\sin(x+a) - \sin a}{x}$ (a : 定数)

(3) $\displaystyle\lim_{x \to \infty} \left(1 + \dfrac{1}{x}\right)^{\frac{x}{2}}$ (4) $\displaystyle\lim_{x \to 0}(1 + 3x)^{\frac{1}{x}}$

(5) $\displaystyle\lim_{x \to 1} \dfrac{\log x}{x - 1}$ (6) $\displaystyle\lim_{x \to 0} \dfrac{\sin^{-1} x}{x}$

(7) $\displaystyle\lim_{x \to 0} \dfrac{\sin 3x}{\sin 2x}$ (8) $\displaystyle\lim_{x \to 0} \dfrac{2^x - 1}{x}$

2. 数直線上を運動する点 P の時刻 t における位置が t の関数として $x(t)$ と表されるとき, 時刻 t における速度 $v(t)$, 加速度 $a(t)$ はそれぞれ

$$v(t) = x'(t) \left(= \dfrac{dx}{dt}\right), \quad a(t) = x''(t) \left(= \dfrac{d^2 x}{dt^2}\right)$$

と表される. 次の点 P の位置 $x(t)$ に対し, ( ) 内の時刻 t_1 における点 P の速度 $v(t_1)$ と加速度 $a(t_1)$ を求めよ.

(1) $x(t) = -t^2 + t - 2$ $\quad (t_1 = 1)$

(2) $x(t) = \dfrac{1}{1-2t}$ $\quad (t_1 = 0)$

(3) $x(t) = \sqrt{t+3}$ $\quad (t_1 = 1)$

(4) $x(t) = \dfrac{1}{4}\sin 2\pi t$ $\quad \left(t_1 = \dfrac{1}{3}\right)$

3. x, y が媒介変数 t を用いて $x = f(t), y = g(t)$ と表されるとき，合成関数の微分法 (p. 20) と逆関数の微分法 (p. 20) を使って，公式

$$\frac{dy}{dx} = \frac{\dfrac{dy}{dt}}{\dfrac{dx}{dt}} = \frac{g'(t)}{f'(t)}$$

(**媒介変数表示された関数の微分法**) を示せ.

4. 次の関数の第3次までの導関数 $f'(x), f''(x), f'''(x)$ を求めよ．また，それらの形から類推することにより，第 n 次導関数 $f^{(n)}(x)$ を求めよ．

(1) $f(x) = \dfrac{1}{2x+1}$ 　　(2) $f(x) = \dfrac{1}{\sqrt{2x+1}}$

(3) $f(x) = 2^x$ 　　(4) $f(x) = \log x$

(5) $f(x) = \cos 3x$ 　　(6) $f(x) = \sin^2 x$

5. ライプニッツの公式

$$\{f(x)g(x)\}^{(n)} = f^{(n)}(x)g(x) + {}_nC_1 f^{(n-1)}(x)g'(x) + {}_nC_2 f^{(n-2)}(x)g''(x) \\ + \cdots + {}_nC_{n-1} f'(x)g^{(n-1)}(x) + f(x)g^{(n)}(x)$$

を利用して，次の関数 $f(x)$ の第 n 次導関数 $f^{(n)}(x)$ を求めよ (**4** の結果を利用してよい).

(1) $f(x) = x^2 e^x$ 　　(2) $f(x) = x \cdot 2^x$

(3) $f(x) = x \log x$ 　　(4) $f(x) = x \cos 3x$

問題 B

6. マクローリン展開の公式 (p. 22) を利用して，次の関数の ( ) 内の点 $x = x_0$ におけるテイラー展開を求めよ．

(1) $f(x) = e^x$ ($x_0 = 2$) (2) $f(x) = \log x$ ($x_0 = 1$)

(3) $f(x) = \sin x$ $\left(x_0 = \dfrac{\pi}{2} \right)$ (4) $f(x) = \cos \pi x$ $\left(x_0 = \dfrac{1}{2} \right)$

7. 次の関数の増減を調べ，グラフの概形を描け．

(1) $y = \dfrac{x^3 - 2}{(x - 1)^2}$ (2) $y = x\sqrt{1 - x^2}$

(3) $y = (x^2 + 1)e^{-x}$ (4) $y = xe^{\frac{1}{x}}$

(5) $y = \log \dfrac{1 - 2x}{1 - x}$ (6) $y = (\log x)^2$

(7) $y = \dfrac{7 - 2\sin x}{7 + 2\sin x}$ ($0 \leq x \leq 2\pi$) (8) $y = e^{\sin x - \cos x}$ ($0 \leq x \leq 2\pi$)

8. 次の関数の最大値，最小値を求めよ．

(1) $y = -x^4 + 2x^3 + 2x^2 - 1$ ($-1 \leq x \leq 3$)

(2) $y = x - \sqrt{1 - x^2}$

(3) $y = 2\sin x + \dfrac{3}{2\sin x}$ $\left(\dfrac{\pi}{6} \leq x \leq \dfrac{5}{6}\pi \right)$

(4) $y = \dfrac{\log(1 + x^2)}{1 + x^2}$

第4章 積 分

§4.1 積分とは？

$f(x)$ の (不定) 積分 =「微分して $f(x)$ になる関数」

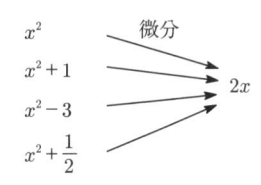

$$
\begin{array}{l}
x^2 \\
x^2+1 \\
x^2-3 \\
x^2+\dfrac{1}{2}
\end{array}
\xrightarrow{\text{微分}} 2x
$$

$$x^2 + C \underset{\text{積分}}{\overset{\text{微分}}{\rightleftarrows}} 2x \qquad (C:\text{定数})$$

§4.2 不定積分

不定積分 ($F(x): F'(x) = f(x)$ となる関数の 1 つ)

$$\int f(x)\,dx \overset{\text{定義}}{=\!=\!=} F(x) + C \qquad (C:\text{定数})\ ^{*1}$$

不定積分の基本性質

- $\displaystyle\int k f(x)\,dx = k \int f(x)\,dx \qquad (k:\text{定数})$
- $\displaystyle\int \{f(x) + g(x)\}\,dx = \int f(x)\,dx + \int g(x)\,dx$
- $\displaystyle\int \{f(x) - g(x)\}\,dx = \int f(x)\,dx - \int g(x)\,dx$

[*1] C を**積分定数**という．

不定積分の公式 1

$$\int x^\alpha \, dx = \frac{1}{\alpha+1} x^{\alpha+1} + C \quad (\alpha \neq -1)$$

$$\int \frac{1}{x} \, dx = \log|x| + C$$

$$\int e^x \, dx = e^x + C$$

$$\int \sin x \, dx = -\cos x + C$$

$$\int \cos x \, dx = \sin x + C$$

$$\int \frac{1}{\cos^2 x} \, dx = \tan x + C$$

§4.3 部分積分法

部分積分法

$$\int f(x) g'(x) \, dx = f(x) g(x) - \int f'(x) g(x) \, dx$$

$$\int f'(x) g(x) \, dx = f(x) g(x) - \int f(x) g'(x) \, dx$$

§4.4 置換積分法

置換積分法 ($x = g(t)$ のとき)

$$\int f(x) \, dx = \int f(g(t)) g'(t) \, dt$$

置換積分法の応用 (x と t の役割を入れ換えて)

$$\int f(g(x)) g'(x) \, dx = \int f(t) \, dt \quad (t = g(x))$$

不定積分の公式 2

$$\int \frac{f'(x)}{f(x)}\, dx = \log |f(x)| + C$$

§4.5 有理関数の積分

有理関数の積分の基本

- $\displaystyle\int \frac{1}{x-\alpha}\, dx = \log|x-\alpha| + C$

- $\displaystyle\int \frac{1}{(x-\alpha)^2}\, dx = -\frac{1}{x-\alpha} + C$

- $\displaystyle\int \frac{x}{x^2+a}\, dx = \frac{1}{2}\log|x^2+a| + C$

- $\displaystyle\int \frac{1}{x^2+1}\, dx = \tan^{-1} x + C$

- $\displaystyle\int \frac{1}{x^2+a}\, dx = \frac{1}{\sqrt{a}} \tan^{-1} \frac{x}{\sqrt{a}} + C \quad (a>0)$

部分分数分解 1 ($\alpha \neq \beta,\ a>0,\ f(x)$ の次数 $< g(x)$ の次数)

$g(x)$	$\dfrac{f(x)}{g(x)}$ の部分分数分解の形
$(x-\alpha)(x-\beta)$	$\dfrac{A}{x-\alpha} + \dfrac{B}{x-\beta}$
$(x-\alpha)^2$	$\dfrac{A}{x-\alpha} + \dfrac{B}{(x-\alpha)^2}$
$(x-\alpha)(x-\beta)^2$	$\dfrac{A}{x-\alpha} + \dfrac{B}{x-\beta} + \dfrac{C}{(x-\beta)^2}$
$(x-\alpha)(x^2+a)$	$\dfrac{A}{x-\alpha} + \dfrac{Bx+C}{x^2+a}$

部分分数分解 2 ($\alpha \neq \beta \neq \gamma \neq \alpha$, $a > 0$, $f(x)$ の次数 $<$ $g(x)$ の次数)

$g(x)$	$\dfrac{f(x)}{g(x)}$ の部分分数分解の形
$(x-\alpha)(x-\beta)(x-\gamma)$	$\dfrac{A}{x-\alpha} + \dfrac{B}{x-\beta} + \dfrac{C}{x-\gamma}$
$(x-\alpha)^3$	$\dfrac{A}{x-\alpha} + \dfrac{B}{(x-\alpha)^2} + \dfrac{C}{(x-\alpha)^3}$
$(x-\alpha)(x-\beta)(x-\gamma)^2$	$\dfrac{A}{x-\alpha} + \dfrac{B}{x-\beta} + \dfrac{C}{x-\gamma} + \dfrac{D}{(x-\gamma)^2}$
$(x-\alpha)(x-\beta)(x^2+a)$	$\dfrac{A}{x-\alpha} + \dfrac{B}{x-\beta} + \dfrac{Cx+D}{x^2+a}$
$(x-\alpha)^2(x^2+a)$	$\dfrac{A}{x-\alpha} + \dfrac{B}{(x-\alpha)^2} + \dfrac{Cx+D}{x^2+a}$

有理関数 $\dfrac{f(x)}{g(x)}$ の積分

[1] $f(x) \div g(x)$ の商 $h(x)$ と余り $f_1(x)$ を求める

($h(x)$, $f_1(x)$: 整式, $f_1(x)$ の次数 $<$ $g(x)$ の次数)

[2] 分母 $g(x)$ を因数分解し, $\dfrac{f_1(x)}{g(x)}$ を部分分数分解する

[3] $\displaystyle\int \dfrac{f(x)}{g(x)}\,dx = \int h(x)\,dx + \int \dfrac{f_1(x)}{g(x)}\,dx$ を計算する

§4.6 三角関数の積分

三角関数の積の積分 1

① 2倍角の公式 (p. 10), ② 半角の公式 (p. 10) を利用して変形:

$$\sin ax \cos ax \stackrel{①}{=} \frac{1}{2}\sin 2ax$$

$$\cos^2 ax \stackrel{②}{=} \frac{1+\cos 2ax}{2}$$

$$\sin^2 ax \stackrel{②}{=} \frac{1-\cos 2ax}{2}$$

三角関数の積の積分2

和と積の公式【積→和】（p.11）を利用して変形：
$$\sin ax \cos bx = \frac{1}{2}\{\sin(a+b)x + \sin(a-b)x\}$$
$$\cos ax \cos bx = \frac{1}{2}\{\cos(a+b)x + \cos(a-b)x\}$$
$$\sin ax \sin bx = -\frac{1}{2}\{\cos(a+b)x - \cos(a-b)x\}$$

三角関数の有理関数の積分

$t = \tan \dfrac{x}{2}$ とおき，次を代入

$$\sin x = \frac{2t}{1+t^2},\ \cos x = \frac{1-t^2}{1+t^2},\ \tan x = \frac{2t}{1-t^2},\ dx = \frac{2}{1+t^2}dt$$

§4.7　無理関数の積分

無理関数の積分の基本

- $\displaystyle\int \sqrt{x-\alpha}\,dx = \frac{2}{3}(x-\alpha)^{\frac{3}{2}} + C$

- $\displaystyle\int \frac{1}{\sqrt{x-\alpha}}\,dx = 2\sqrt{x-\alpha} + C$

- $\displaystyle\int x\sqrt{x^2+a}\,dx = \frac{1}{3}(x^2+a)^{\frac{3}{2}} + C$

- $\displaystyle\int \frac{x}{\sqrt{x^2+a}}\,dx = \sqrt{x^2+a} + C$

- $\displaystyle\int \frac{1}{\sqrt{1-x^2}}\,dx = \sin^{-1} x + C$

- $\displaystyle\int \frac{1}{\sqrt{a-x^2}}\,dx = \sin^{-1}\frac{x}{\sqrt{a}} + C$

無理関数 ($f(x)$) を含む関数の積分

$f(x)$	置換
$\sqrt{ax+b}$	$t = \sqrt{ax+b}$
$\sqrt{a-x^2}$	$x = \sqrt{a}\sin t \quad \left(-\dfrac{\pi}{2} \leq t \leq \dfrac{\pi}{2}\right)$
$\sqrt{x^2+a}$	$t = x + \sqrt{x^2+a}$

§4.8 定積分

定積分 ($F(x) : f(x)$ の不定積分の 1 つ)
$$\int_a^b f(x)\,dx = \bigl[F(x)\bigr]_a^b$$

定積分の基本性質 1

- $\displaystyle\int_a^b k f(x)\,dx = k\int_a^b f(x)\,dx \quad (k : 定数)$
- $\displaystyle\int_a^b \{f(x)+g(x)\}\,dx = \int_a^b f(x)\,dx + \int_a^b g(x)\,dx$
- $\displaystyle\int_a^b \{f(x)-g(x)\}\,dx = \int_a^b f(x)\,dx - \int_a^b g(x)\,dx$

定積分の基本性質 2

- $\displaystyle\int_a^a f(x)\,dx = 0$
- $\displaystyle\int_a^b f(x)\,dx = -\int_b^a f(x)\,dx$
- $\displaystyle\int_a^b f(x)\,dx = \int_a^c f(x)\,dx + \int_c^b f(x)\,dx$

部分積分法

$$\int_a^b f(x)g'(x)\,dx = \bigl[f(x)g(x)\bigr]_a^b - \int_a^b f'(x)g(x)\,dx$$

$$\int_a^b f'(x)g(x)\,dx = \bigl[f(x)g(x)\bigr]_a^b - \int_a^b f(x)g'(x)\,dx$$

― 三角関数のべき乗の定積分 ―

$$\int_0^{\frac{\pi}{2}} \sin^n x\,dx = \begin{cases} \dfrac{n-1}{n}\cdot\dfrac{n-3}{n-2}\cdots\dfrac{1}{2}\cdot\dfrac{\pi}{2} & (n \geq 2 : \text{偶数}) \\ \dfrac{n-1}{n}\cdot\dfrac{n-3}{n-2}\cdot\dfrac{2}{3} & (n \geq 3 : \text{奇数}) \end{cases}$$

$$\int_0^{\frac{\pi}{2}} \cos^n x\,dx = \int_0^{\frac{\pi}{2}} \sin^n x\,dx$$

置換積分法 ($x = g(t)$, $a = g(\alpha)$, $b = g(\beta)$ のとき)

$$\int_a^b f(x)\,dx = \int_\alpha^\beta f(g(t))g'(t)\,dt \qquad \begin{array}{c|c} x & a \longrightarrow b \\ \hline t & \alpha \longrightarrow \beta \end{array}$$

置換積分法の応用 ($t = g(x)$, $\alpha = g(a)$, $\beta = g(b)$ のとき)

$$\int_a^b f(g(x))g'(x)\,dx = \int_\alpha^\beta f(t)\,dt \qquad \begin{array}{c|c} x & a \longrightarrow b \\ \hline t & \alpha \longrightarrow \beta \end{array}$$

§4.9　定積分の応用

面積 ($f(x) \geq g(x)$ のとき)

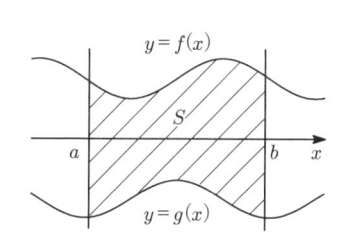

$$S = \int_a^b \bigl\{f(x) - g(x)\bigr\}\,dx$$

回転体の体積

$$V = \pi \int_a^b \{f(x)\}^2 \, dx$$
$$\left(= \pi \int_a^b y^2 \, dx \right)$$

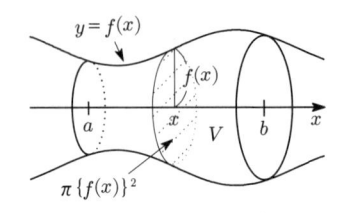

曲線の長さ

$$l = \int_a^b \sqrt{1 + \{f'(x)\}^2} \, dx$$
$$\left(= \int_a^b \sqrt{1 + \left(\frac{dy}{dx}\right)^2} \, dx \right)$$

§4.10 広義積分

広義積分（右辺の極限が存在するとき）

$$\int_a^\infty f(x) \, dx \stackrel{\text{定義}}{=} \lim_{b \to \infty} \int_a^b f(x) \, dx$$

$$\int_{-\infty}^b f(x) \, dx \stackrel{\text{定義}}{=} \lim_{a \to -\infty} \int_a^b f(x) \, dx$$

$$\int_{-\infty}^\infty f(x) \, dx \stackrel{\text{定義}}{=} \lim_{a \to -\infty} \left\{ \lim_{b \to \infty} \int_a^b f(x) \, dx \right\}$$

問題 A

1. 次の不定積分を求めよ 〈§4.2〉.

(1) $\displaystyle\int (2x-1)\,dx$

(2) $\displaystyle\int (x^2 - 5x + 1)\,dx$

(3) $\displaystyle\int (2x^3 - 3x^2 + 4x - 5)\,dx$

(4) $\displaystyle\int (x+1)(2x^2-1)\,dx$

(5) $\displaystyle\int \frac{1}{x^{10}}\,dx$

(6) $\displaystyle\int (5x^{-3} - 4x^{-2} + 3x^{-1} - 2)\,dx$

(7) $\displaystyle\int \frac{x^3 - 2x^2 + 3x - 4}{x}\,dx$

(8) $\displaystyle\int \left(\sqrt{x} + \frac{1}{\sqrt{x}}\right)\,dx$

(9) $\displaystyle\int \left(x + \frac{1}{x}\right)^3 dx$

(10) $\displaystyle\int \left(2x^{\frac{5}{2}} + 3x^{-\frac{4}{3}}\right)\,dx$

(11) $\displaystyle\int \frac{3x - \sqrt{x} + 2}{x^2}\,dx$

(12) $\displaystyle\int \frac{\sqrt[3]{x^2} - 3\sqrt[4]{x} - 5}{\sqrt{x}}\,dx$

(13) $\displaystyle\int e^{x+3}\,dx$

(14) $\displaystyle\int (e^x - 2x^3 + 3)\,dx$

(15) $\displaystyle\int (2\sin x + 3\cos x)\,dx$

(16) $\displaystyle\int \frac{1 - \cos^3 x}{\cos^2 x}\,dx$

2. 次の不定積分を求めよ 〈§4.3〉.

(1) $\displaystyle\int xe^x\,dx$

(2) $\displaystyle\int x\sin x\,dx$

(3) $\displaystyle\int (x+1)\cos x\,dx$

(4) $\displaystyle\int \frac{\sin x}{\cos^2 x}\,dx$

(5) $\displaystyle\int (x^2 - 3x)e^x\,dx$

(6) $\displaystyle\int \log(x+2)\,dx$

(7) $\displaystyle\int (2x-1)\log x\,dx$

(8) $\displaystyle\int x\log 2x\,dx$

(9) $\displaystyle\int \sqrt{x}\log x\,dx$

(10) $\displaystyle\int e^x \cos x\,dx$

3. 次の不定積分を求めよ〈§4.4〉.

(1) $\displaystyle\int (3x+4)^5\,dx$

(2) $\displaystyle\int \frac{1}{(3x+4)^5}\,dx$

(3) $\displaystyle\int (3x+4)^{-1}\,dx$

(4) $\displaystyle\int \sqrt{3x+4}\,dx$

(5) $\displaystyle\int e^{2x}\,dx$

(6) $\displaystyle\int e^{-x+2}\,dx$

(7) $\displaystyle\int \frac{1}{\sqrt{e^x}}\,dx$

(8) $\displaystyle\int \sin 2x\,dx$

(9) $\displaystyle\int \cos 2x\,dx$

(10) $\displaystyle\int \sin(5x-2)\,dx$

(11) $\displaystyle\int \cos\left(\frac{1}{2}-\frac{x}{3}\right)dx$

(12) $\displaystyle\int \frac{1}{\cos^2 4x}\,dx$

(13) $\displaystyle\int \cosh x\,dx$

(14) $\displaystyle\int \sinh x\,dx$ [*2]

4. 次の不定積分を求めよ〈§4.4〉.

(1) $\displaystyle\int x(x^2+1)^6\,dx$

(2) $\displaystyle\int \frac{x^2}{(x^3-2)^6}\,dx$

(3) $\displaystyle\int x\sqrt{1-x^2}\,dx$

(4) $\displaystyle\int \frac{x}{\sqrt{1-x^2}}\,dx$

(5) $\displaystyle\int xe^{x^2}\,dx$

(6) $\displaystyle\int (e^x+1)^2 e^x\,dx$

(7) $\displaystyle\int (x-1)\log(x^2-2x)\,dx$

(8) $\displaystyle\int \frac{\log x}{x}\,dx$

(9) $\displaystyle\int \sin^2 x\cos x\,dx$

(10) $\displaystyle\int \frac{\tan x}{\cos^2 x}\,dx$

(11) $\displaystyle\int \frac{x-3}{x^2-6x}\,dx$

(12) $\displaystyle\int \frac{1}{\sqrt{x}(1+\sqrt{x})}\,dx$

(13) $\displaystyle\int \frac{e^x}{e^x-2}\,dx$

(14) $\displaystyle\int \frac{1}{x\log x}\,dx$

(15) $\displaystyle\int \frac{\sin x}{\cos x-1}\,dx$

(16) $\displaystyle\int \frac{1}{\tan x}\,dx$

[*2] $\cosh x=\dfrac{e^x+e^{-x}}{2}$, $\sinh x=\dfrac{e^x-e^{-x}}{2}$ である (p.26 参照).

5. 次の不定積分を求めよ 〈§4.5〉.

(1) $\displaystyle\int \frac{2x-1}{x+1}\,dx$

(2) $\displaystyle\int \frac{x^2+1}{x-1}\,dx$

(3) $\displaystyle\int \frac{1}{x(x+3)}\,dx$

(4) $\displaystyle\int \frac{x^2+1}{x^2-1}\,dx$

(5) $\displaystyle\int \frac{x+2}{x^2-3x-4}\,dx$

(6) $\displaystyle\int \frac{x^2}{x^2-7x+10}\,dx$

(7) $\displaystyle\int \frac{x}{(x-1)^2}\,dx$

(8) $\displaystyle\int \frac{1}{(x-2)(x+3)^2}\,dx$

(9) $\displaystyle\int \frac{x^2-1}{(x+2)(2x+1)^2}\,dx$

(10) $\displaystyle\int \frac{2x+1}{2x^3-5x^2+4x-1}\,dx$

(11) $\displaystyle\int \frac{1}{(x+1)(x^2+1)}\,dx$

(12) $\displaystyle\int \frac{x-1}{x^3+x}\,dx$

6. 次の不定積分を求めよ 〈§4.6〉.

(1) $\displaystyle\int \sin^2 x\,dx$

(2) $\displaystyle\int \sin x \cos x\,dx$

(3) $\displaystyle\int \cos 2x \cos 3x\,dx$

(4) $\displaystyle\int \cos x \sin 5x\,dx$

(5) $\displaystyle\int \sin \frac{x}{2} \sin \frac{x}{3}\,dx$

(6) $\displaystyle\int \cos^2(3x-2)\,dx$

(7) $\displaystyle\int \frac{1}{\sin^2 x}\,dx$

(8) $\displaystyle\int \frac{1}{\cos x}\,dx$

(9) $\displaystyle\int \frac{1}{1-\sin x}\,dx$

(10) $\displaystyle\int \frac{\tan x}{1+\cos x}\,dx$

7. 次の不定積分を求めよ 〈§4.7〉.

(1) $\displaystyle\int (x-1)\sqrt{x+1}\,dx$

(2) $\displaystyle\int \frac{\sqrt{2x-1}}{x}\,dx$

(3) $\displaystyle\int \frac{x-2}{\sqrt{1-x}}\,dx$

(4) $\displaystyle\int \frac{1}{\sqrt{x}+1}\,dx$

(5) $\displaystyle\int \frac{x\sqrt{x+1}}{x-3}\,dx$

(6) $\displaystyle\int \frac{\sqrt{x}+1}{x-\sqrt{x}}\,dx$

(7) $\displaystyle\int \sqrt{2-x^2}\,dx$

(8) $\displaystyle\int \frac{1}{\sqrt{2-x^2}}\,dx$

(9) $\displaystyle\int \frac{\sqrt{1-x^2}}{1-x}\,dx$

(10) $\displaystyle\int \frac{1}{x\sqrt{x^2+1}}\,dx$ [*3]

(11) $\displaystyle\int \frac{1}{\sqrt{x^2-1}}\,dx$

(12) $\displaystyle\int \sqrt{x^2-1}\,dx$

8. 次の定積分を計算せよ〈§4.2, §4.8〉.

(1) $\displaystyle\int_0^1 (3x^3 - 2x^2 + x)\,dx$

(2) $\displaystyle\int_2^{-1} (x^2+1)^2\,dx$

(3) $\displaystyle\int_1^e \left(\sqrt{x} + \frac{1}{x}\right)dx$

(4) $\displaystyle\int_{-1}^0 \frac{x}{x-1}\,dx$

(5) $\displaystyle\int_1^2 (x-1)(x-3)\,dx + \int_2^3 (x-1)(x-3)\,dx$

(6) $\displaystyle\int_1^0 (e^x + 1)\,dx$

(7) $\displaystyle\int_{-1}^1 (e^{x+1} - e^x)\,dx$

(8) $\displaystyle\int_{-\frac{\pi}{4}}^{\frac{\pi}{4}} \frac{\cos x}{2}\,dx$

(9) $\displaystyle\int_{\frac{\pi}{6}}^{\frac{\pi}{2}} (2\cos x + \sqrt{3}\sin x)\,dx$

9. 部分積分法 (p. 34) を使って, 等式

$$\int_\alpha^\beta (x-\alpha)(x-\beta)\,dx = -\frac{1}{6}(\beta-\alpha)^3 \qquad (\alpha,\beta: 定数)\ [*4]$$

を示せ〈§4.3, §4.8〉.

10. 次の定積分を計算せよ〈§4.3, §4.8〉.

(1) $\displaystyle\int_0^1 xe^{-x}\,dx$

(2) $\displaystyle\int_{-2}^1 (x-1)(x+2)^3\,dx$

(3) $\displaystyle\int_1^e \log x\,dx$

(4) $\displaystyle\int_0^{\frac{\pi}{3}} \tan x\,dx$

[*3] 問題 B **5** (5) も参照のこと.

[*4] したがって, 右図の面積 S は
$$S = -\int_\alpha^\beta (x-\alpha)(x-\beta)\,dx = \frac{1}{6}(\beta-\alpha)^3$$
である.

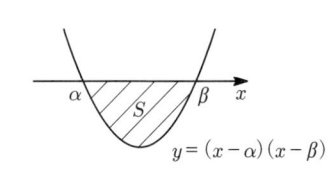

問題 A   45

(5) $\displaystyle\int_{\frac{\pi}{4}}^{\frac{\pi}{2}} x\sin 2x\,dx$ (6) $\displaystyle\int_{0}^{\frac{\pi}{2}} e^x(\sin x+\cos x)\,dx$

(7) $\displaystyle\int_{0}^{\sqrt{3}} \tan^{-1}x\,dx$ (8) $\displaystyle\int_{-\frac{1}{\sqrt{2}}}^{0} \sin^{-1}x\,dx$

11. 次の定積分を計算せよ 〈§4.4, §4.8〉.

(1) $\displaystyle\int_{-1}^{2}\cos\frac{\pi}{3}x\,dx$ (2) $\displaystyle\int_{1}^{-1}(-2x+1)^5\,dx$

(3) $\displaystyle\int_{3}^{6}\left(\frac{1}{3}x-\frac{1}{2}\right)^4 dx$ (4) $\displaystyle\int_{0}^{1}\frac{x}{\sqrt{2x^2+1}}\,dx$

(5) $\displaystyle\int_{-1}^{0} xe^{-x^2}\,dx$ (6) $\displaystyle\int_{e}^{e^2}\frac{\log x}{x}\,dx$

(7) $\displaystyle\int_{0}^{3}\frac{x^2-1}{x^3-3x+6}\,dx$ (8) $\displaystyle\int_{0}^{\frac{\pi}{2}}\frac{\sin 2x}{1+\sin^2 x}\,dx$

12. 次の定積分を計算せよ 〈§4.5, §4.6, §4.7, §4.8〉.

(1) $\displaystyle\int_{1}^{2}\frac{1}{x(x+1)}\,dx$ (2) $\displaystyle\int_{0}^{2}\frac{x-1}{x^2+5x+4}\,dx$

(3) $\displaystyle\int_{2}^{4}\frac{1}{(x+1)(x^2-1)}\,dx$ (4) $\displaystyle\int_{-1}^{0}\frac{1}{(x-1)(x^2+1)}\,dx$

(5) $\displaystyle\int_{0}^{\frac{\pi}{4}}\cos^2 x\,dx$ (6) $\displaystyle\int_{\frac{\pi}{6}}^{\frac{\pi}{2}}\sin x\cos 2x\,dx$

(7) $\displaystyle\int_{\frac{\pi}{3}}^{\frac{\pi}{2}}\frac{1}{\sin x}\,dx$ (8) $\displaystyle\int_{-\frac{\pi}{2}}^{\frac{\pi}{2}}\frac{1+\sin x}{1+\cos x}\,dx$

(9) $\displaystyle\int_{-1}^{0}\frac{\sqrt{x+1}}{x+2}\,dx$ (10) $\displaystyle\int_{0}^{4}\frac{1}{\sqrt{x}+2}\,dx$

(11) $\displaystyle\int_{0}^{1}\sqrt{4-x^2}\,dx$ (12) $\displaystyle\int_{0}^{1}\sqrt{x^2+3}\,dx$

(13) $\displaystyle\int_{0}^{2}\frac{1}{\sqrt{x^2+2}}\,dx$ (14) $\displaystyle\int_{0}^{\frac{1}{2}}\frac{1+x^2}{\sqrt{1-x^2}}\,dx$

13. 次の曲線や直線で囲まれた図形の面積を求めよ〈§4.9〉.

(1) $y = -x^2 + 4x$, x 軸 　　(2) $y = 2x^2 + x - 3$, x 軸

(3) $y = -3x^2 - x + 1$, $y = x$ 　　(4) $y = x^2 - 2x$, $y = -3x^2 + x + 1$

(5) $y = x^3 - 3x$, $y = 2$ 　　(6) $y = x^3 - x$, $y = x^2 - 1$

(7) $y = \sqrt{x+1}$, $y = x + 1$ 　　(8) $y = \sin x$, $y = \cos x$ $\left(\dfrac{\pi}{4} \leq x \leq \dfrac{5}{4}\pi\right)$

(9) $x^2 + y^2 = 2$ ($x \geq 0$), y 軸 　　(10) $\dfrac{x^2}{2} + y^2 = 1$ ($x \geq 0$), y 軸

14. 次の曲線や直線と x 軸で囲まれた図形を x 軸のまわりに回転してできる立体の体積を求めよ〈§4.9〉.

(1) $y = 1 - x$, y 軸 　　(2) $y = x^2 - 2x$

(3) $y = \sin x$ ($0 \leq x \leq \pi$) 　　(4) $y = \sqrt{x+2}$, y 軸

(5) $x^2 + y^2 = 2$ ($y \geq 0$) 　　(6) $\dfrac{x^2}{2} + y^2 = 1$ ($y \geq 0$)

15. 次の曲線または直線の長さを求めよ〈§4.9〉.

(1) $y = -\dfrac{1}{2}x + 1$ $\left(0 \leq x \leq \sqrt{5}\right)$ 　　(2) $y = \dfrac{1}{4}x^2$ ($0 \leq x \leq 2$)

(3) $y = x\sqrt{x}$ $\left(0 \leq x \leq \dfrac{5}{9}\right)$ 　　(4) $x^2 + y^2 = 2$ ($x \geq 0$)

(5) $y = \log(1 - x^2)$ $\left(0 \leq x \leq \dfrac{1}{2}\right)$ (6) $y = \cosh x$ ($0 \leq x \leq 1$) [*5]

問題 B

1. 次の不定積分を求めよ.

(1) $\displaystyle\int a^x\, dx$ ($a > 0$, $a \neq 1$) 　　(2) $\displaystyle\int (\log x)^2\, dx$

(3) $\displaystyle\int \dfrac{\log x}{x^2}\, dx$ 　　(4) $\displaystyle\int \dfrac{\log x}{\sqrt{x}}\, dx$

[*5] $\cosh x = \dfrac{e^x + e^{-x}}{2}$ である（p.26 参照）.

(5) $\displaystyle\int \frac{1}{x(\log x)^2}\,dx$
(6) $\displaystyle\int \frac{\cos x}{\sin^2 x}\,dx$

(7) $\displaystyle\int \frac{1}{x\sqrt{\log x}}\,dx$
(8) $\displaystyle\int \frac{\cos x}{\sqrt{\sin x}}\,dx$

(9) $\displaystyle\int \frac{x^2}{\sqrt{1-4x^2}}\,dx$
(10) $\displaystyle\int \frac{x^2}{\sqrt{4x^2-1}}\,dx$

(11) $\displaystyle\int \frac{1-\sin x}{1+\sin x}\,dx$
(12) $\displaystyle\int \frac{x}{\cos^2 x}\,dx$

(13) $\displaystyle\int \cos^3 x\,dx$
(14) $\displaystyle\int \sin^4 x\,dx$

(15) $\displaystyle\int \sin^{-1} 2x\,dx$
(16) $\displaystyle\int x\tan^{-1} x\,dx$

ヒント：(2), (3), (4), (12), (14), (15), (16) は部分積分法 (p.34) を利用するとよい．

2. (1) 等式 $1+\tan^2 x = \dfrac{1}{\cos^2 x}$ (p.8) を利用して，不定積分 $\displaystyle\int \tan^2 x\,dx$ および $\displaystyle\int \tan^3 x\,dx$ を求めよ．

(2) (1) を**ヒント**にして，不定積分 $\displaystyle\int \frac{1}{\tan^2 x}\,dx$ および $\displaystyle\int \frac{1}{\tan^3 x}\,dx$ を求めよ．

3. 次の不定積分を求めよ．

(1) $\displaystyle\int \frac{1}{x^2-2}\,dx$
(2) $\displaystyle\int \frac{1}{2x^2-1}\,dx$

(3) $\displaystyle\int \frac{x^2-x+2}{x^3+2x}\,dx$
(4) $\displaystyle\int \frac{2x^2-x+1}{2x^3+x}\,dx$

(5) $\displaystyle\int \frac{x^2-1}{(x+2)(2x+1)^2}\,dx$
(6) $\displaystyle\int \frac{2x+1}{2x^3-5x^2+4x-1}\,dx$

(7) $\displaystyle\int \frac{1}{x^3-x}\,dx$
(8) $\displaystyle\int \frac{1}{x^4-1}\,dx$

(9) $\displaystyle\int \frac{1}{x^4-x^2}\,dx$
(10) $\displaystyle\int \frac{1}{x^4+x^2}\,dx$

(11) $\displaystyle\int \frac{x^2+4x+1}{x^4+x^3-x^2-x}\,dx$
(12) $\displaystyle\int \frac{x^3+3x}{x^4+2x^3+2x^2+2x+1}\,dx$

4. (1) x についての恒等式

$$\frac{1}{x^3+1} = \frac{A}{x+1} + \frac{Bx+C}{x^2-x+1}$$

をみたす定数 A, B, C を求めよ.

(2) $x^2-x+1 = (x-\alpha)^2 + \beta$ (α, β : 定数) と変形 (平方完成) し, 公式 (p.35)

$$\int \frac{1}{x^2+a} dx = \frac{1}{\sqrt{a}} \tan^{-1}\frac{x}{\sqrt{a}} + C \quad (a>0)$$

を利用して, 不定積分 $\displaystyle\int \frac{1}{x^2-x+1} dx$ を求めよ.

(3) $\dfrac{Bx+C}{x^2-x+1} = \dfrac{k(2x-1)}{x^2-x+1} + \dfrac{l}{x^2-x+1}$ (k, l : 定数) と変形することにより, 不定積分 $\displaystyle\int \frac{1}{x^3+1} dx$ を求めよ.

(4) (1)〜(3) を **ヒント** にして, 不定積分 $\displaystyle\int \frac{1}{x^3-1} dx$ を求めよ.

5. ( ) 内の置換により, 次の不定積分を求めよ.

(1) $\displaystyle\int \frac{1}{1+e^x} dx$ ($t=e^x$)   (2) $\displaystyle\int \frac{(\log x+1)\log x}{x} dx$ ($t=\log x$)

(3) $\displaystyle\int \frac{1}{\sqrt{x(x-1)}} dx$ $\left(t=\sqrt{\dfrac{x}{x-1}}\right)$ (4) $\displaystyle\int \frac{x}{\sqrt[3]{x-1}+1} dx$ ($t=\sqrt[3]{x-1}$)

(5) $\displaystyle\int \frac{1}{x\sqrt{1+x^2}} dx$ ($t=\sqrt{1+x^2}$) (6) $\displaystyle\int \frac{1}{x^2\sqrt{1+x^2}} dx$ ($x=\tan t$ [*6])

(7) $\displaystyle\int \frac{1}{x^2(x^2-1)^{\frac{3}{2}}} dx$ $\left(x=\dfrac{1}{\cos t}\right.$ [*7]$\left.\right)$ (8) $\displaystyle\int \frac{\cos x}{1+\sin^2 x} dx$ ($t=\sin x$)

(9) $\displaystyle\int \frac{\sin^3 x}{1+\cos^2 x} dx$ ($t=\cos x$) (10) $\displaystyle\int \frac{1+\sin^2 x}{1+\cos^2 x} dx$ ($t=\tan x$)

[*6] t の範囲は $-\dfrac{\pi}{2} < t < \dfrac{\pi}{2}$ である.

[*7] t の範囲は $0 \leq t \leq \pi$ $\left(t \neq \dfrac{\pi}{2}\right)$ である.

問題 B

6. 数直線上を運動する点 P の時刻 t における位置が t の関数として $x(t)$ と表されるとき,時刻 t における速度 $v(t)$, 加速度 $a(t)$ はそれぞれ

$$v(t) = x'(t)\left(= \frac{dx}{dt}\right), \quad a(t) = x''(t)\left(= \frac{d^2x}{dt^2}\right)$$

と表される.次の点 P の加速度 $a(t)$ および時刻 $t=0$ における位置 x_0,速度 (初速度) v_0 に対し,( ) 内の時刻 t_1 における点 P の速度 $v(t_1)$ と位置 $x(t_1)$ を求めよ.

(1) $a(t) = -t^2 + t - 2$, $x_0 = 0$, $v_0 = 1$ $\quad (t_1 = 1)$

(2) $a(t) = \dfrac{1}{1-2t}$, $x_0 = -\dfrac{1}{8}$, $v_0 = 0$ $\quad \left(t_1 = \dfrac{1}{4}\right)$

(3) $a(t) = \sqrt{t+3}$, $x_0 = -\sqrt{3}$, $v_0 = \sqrt{3}$ $\quad (t_1 = 9)$

(4) $a(t) = \dfrac{1}{4}\sin 2\pi t$, $x_0 = -\dfrac{1}{8\pi}$, $v_0 = \dfrac{1}{4\pi}$ $\quad \left(t_1 = \dfrac{1}{3}\right)$

7. 例を参考にして,絶対値の中が正か負かで場合分けすることにより,次の定積分を計算せよ.

例 $|x-1| = \begin{cases} x-1 & (x \geq 1) \\ 1-x & (x < 1) \end{cases}$ より,

$$\int_{-1}^{2} |x-1|\,dx = \int_{-1}^{1}(1-x)\,dx + \int_{1}^{2}(x-1)\,dx = 2 + \frac{1}{2} = \frac{5}{2}$$

(1) $\displaystyle\int_{-\frac{1}{2}}^{1} |2-3x|\,dx$ \qquad (2) $\displaystyle\int_{0}^{2} |x^2-1|\,dx$

(3) $\displaystyle\int_{-1}^{3} \sqrt{|1-x|}\,dx$ \qquad (4) $\displaystyle\int_{-\frac{\pi}{3}}^{\frac{\pi}{6}} |\sin x|\,dx$

8. 定積分と微分に関する公式

$$\boxed{\frac{d}{dx}\int_{a}^{x} f(t)\,dt = f(x)} \qquad (a:\text{定数})$$

を示せ.また,この公式を利用して,次の関数の導関数を求めよ.

(1) $\displaystyle\int_{0}^{x} x(t^2-1)\,dt$ \qquad (2) $\displaystyle\int_{1}^{x} (x-1)\log t\,dt$

(3) $\displaystyle\int_{\pi}^{x} \sin x \sin t\,dt$ \qquad (4) $\displaystyle\int_{x}^{0} (e^{x+t} - e^{x-t})\,dt$

ヒント: $\int_a^x g(x)f(t)\,dt = g(x)\int_a^x f(t)\,dt$ と変形し，「積の微分」(p.19) により計算する．

9. 正の整数 m, n に対し，次の等式を示せ．

(1) $\int_0^{2\pi} \sin mx \sin nx\,dx = \begin{cases} 0 & (m \neq n \text{ のとき}) \\ \pi & (m = n \text{ のとき}) \end{cases}$

(2) $\int_0^{2\pi} \cos mx \cos nx\,dx = \begin{cases} 0 & (m \neq n \text{ のとき}) \\ \pi & (m = n \text{ のとき}) \end{cases}$

(3) $\int_0^{2\pi} \sin mx \cos nx\,dx = 0$

10. $a > 0$ を定数とするとき，サイクロイド
$$C : \begin{cases} x = a(\theta - \sin\theta) \\ y = a(1 - \cos\theta) \end{cases}$$
$(0 \leq \theta \leq 2\pi)$ について，次を求めよ．

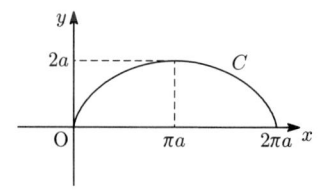

(1) C と x 軸で囲まれた図形の面積 S

(2) C と x 軸で囲まれた図形を x 軸のまわりに回転してできる立体の体積 V

(3) C の長さ l

ヒント：いずれも積分を θ を使って表す．(3) は，媒介変数表示された関数の微分法の公式 (p.30)
$$\frac{dy}{dx} = \frac{\frac{dy}{d\theta}}{\frac{dx}{d\theta}}$$
を利用する．

11. $a>0$ を定数とするとき，アステロイド
$$A: \begin{cases} x = a\cos^3\theta \\ y = a\sin^3\theta \end{cases}$$
($0 \leq \theta \leq 2\pi$) について，次を求めよ．

(1) A と x 軸で囲まれた図形の面積 S

(2) A と x 軸で囲まれた図形を x 軸のまわりに回転してできる立体の体積 V

(3) A の長さ l

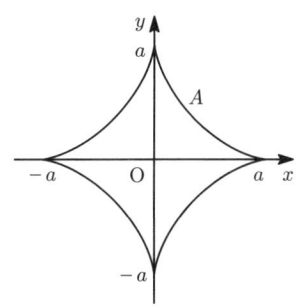

ヒント：(1), (2) は三角関数のべき乗の定積分の公式 (p.39) を利用する (**10** のヒントも参照のこと)．

12. 次の広義積分を計算せよ．

(1) $\displaystyle\int_0^\infty e^{-x}\,dx$ 　　(2) $\displaystyle\int_{-\infty}^0 e^{2x}\,dx$

(3) $\displaystyle\int_1^\infty \frac{1}{x}\,dx$ 　　(4) $\displaystyle\int_1^\infty \frac{1}{x\sqrt{x}}\,dx$

(5) $\displaystyle\int_0^\infty x^2 e^{-x}\,dx$ 　　(6) $\displaystyle\int_{-\infty}^{-1} \frac{1}{x^2+1}\,dx$

(7) $\displaystyle\int_{-\infty}^{-2} \frac{1}{x^2-1}\,dx$ 　　(8) $\displaystyle\int_1^\infty \frac{1}{x^3+x}\,dx$

(9) $\displaystyle\int_1^\infty \frac{\log x}{x^2}\,dx$ 　　(10) $\displaystyle\int_{-\infty}^\infty \frac{e^x}{(e^x+1)^2}\,dx$

13. 等式
$$\int_1^\infty \frac{1}{x^\alpha}\,dx = \begin{cases} \dfrac{1}{\alpha-1} & (\alpha > 1) \\ \infty & (0 < \alpha \leq 1) \end{cases}$$
を示せ．

14. 積分 $\int_0^1 \dfrac{1}{x^\alpha}\,dx$ $(\alpha > 0)$ について考える．被積分関数 $\dfrac{1}{x^\alpha}$ は $x = 0$ において定義されないが，$x > 0$ においては定義される．そこで，

$$\int_0^1 \frac{1}{x^\alpha}\,dx = \lim_{a \to +0} \int_a^1 \frac{1}{x^\alpha}\,dx$$

と定める[*8]．このとき，等式

$$\int_0^1 \frac{1}{x^\alpha}\,dx = \begin{cases} \infty & (\alpha \geq 1) \\ \dfrac{1}{1-\alpha} & (0 < \alpha < 1) \end{cases}$$

を示せ．

[*8] このような積分を**特異積分**と呼ぶ．これと対比して，積分区間に ∞ や $-\infty$ を含む積分を**無限積分**と呼ぶ．特異積分と無限積分を合わせて広義積分と呼ぶことが多い．

第5章 偏微分

§5.1 2変数関数

2変数関数 ＝ 「$z = f(x,y)$ の形に表される関数」

2変数関数のグラフ $\Longrightarrow$ 曲面 (あるいは平面)

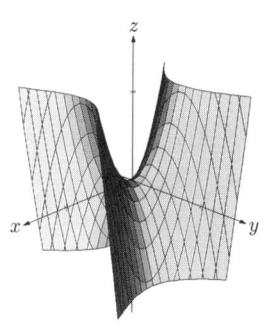

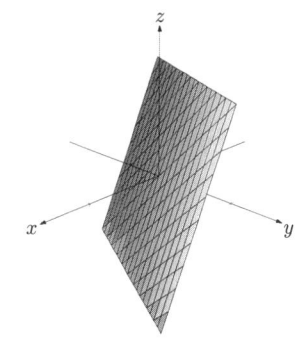

図 5.1 $z = x^2 - xy - y^2$

図 5.2 $z = -2x + y$

§5.2 偏導関数

偏微分係数 (右辺の極限値が存在するとき)

$$f_x(a,b) \stackrel{定義}{=} \lim_{h \to 0} \frac{f(a+h, b) - f(a, b)}{h} \quad \left[\begin{array}{l} (a,b) \text{ における} \\ x \text{ に関する偏微分係数} \end{array}\right]$$

$$f_y(a,b) \stackrel{定義}{=} \lim_{k \to 0} \frac{f(a, b+k) - f(a, b)}{k} \quad \left[\begin{array}{l} (a,b) \text{ における} \\ y \text{ に関する偏微分係数} \end{array}\right]$$

第 5 章 偏 微 分

偏導関数（右辺の極限値が存在するとき）

$$f_x(x,y) \overset{定義}{=\!=\!=} \lim_{h \to 0} \frac{f(x+h,y) - f(x,y)}{h} \quad [\,x\text{ に関する偏導関数}\,]$$

（＝「y を定数とみなして $f(x,y)$ を x で微分したもの」）

$$f_y(x,y) \overset{定義}{=\!=\!=} \lim_{k \to 0} \frac{f(x,y+k) - f(x,y)}{k} \quad [\,y\text{ に関する偏導関数}\,]$$

（＝「x を定数とみなして $f(x,y)$ を y で微分したもの」）

偏導関数を表す記号（$z = f(x,y)$ のとき）

$$f_x(x,y),\ z_x,\ \frac{\partial}{\partial x}f(x,y),\ \frac{\partial z}{\partial x} \ \cdots\cdots\ x\text{ に関する偏導関数}$$

$$f_y(x,y),\ z_y,\ \frac{\partial}{\partial y}f(x,y),\ \frac{\partial z}{\partial y} \ \cdots\cdots\ y\text{ に関する偏導関数}$$

偏導関数の基本

- $\bigl\{f(x,y)g(x,y)\bigr\}_x = f_x(x,y)g(x,y) + f(x,y)g_x(x,y)$

- $\left\{\dfrac{f(x,y)}{g(x,y)}\right\}_x = \dfrac{f_x(x,y)g(x,y) - f(x,y)g_x(x,y)}{\{g(x,y)\}^2}$

  （y を定数とみなして「積の微分」,「商の微分」（p. 20）を適用）

- $\bigl\{f(x,y)g(x,y)\bigr\}_y = f_y(x,y)g(x,y) + f(x,y)g_y(x,y)$

- $\left\{\dfrac{f(x,y)}{g(x,y)}\right\}_y = \dfrac{f_y(x,y)g(x,y) - f(x,y)g_y(x,y)}{\{g(x,y)\}^2}$

  （x を定数とみなして「積の微分」,「商の微分」（p. 20）を適用）

§5.3 合成関数の微分法

合成関数の偏微分法の基本 ($z = f(u)$, $u = g(x,y)$ のとき)

- $\dfrac{\partial z}{\partial x} = \dfrac{dz}{du} \cdot \dfrac{\partial u}{\partial x} = \dfrac{d}{du}f(u) \cdot \dfrac{\partial}{\partial x}g(x,y)$

  (y を定数とみなして合成関数の微分法 (p. 20) を適用)

- $\dfrac{\partial z}{\partial y} = \dfrac{dz}{du} \cdot \dfrac{\partial u}{\partial y} = \dfrac{d}{du}f(u) \cdot \dfrac{\partial}{\partial y}g(x,y)$

  (x を定数とみなして合成関数の微分法 (p. 20) を適用)

合成関数の微分法 ($z = f(x,y)$, $x = \varphi(t)$, $y = \psi(t)$ のとき)

$$\frac{dz}{dt} = \frac{\partial z}{\partial x} \cdot \frac{dx}{dt} + \frac{\partial z}{\partial y} \cdot \frac{dy}{dt}$$
$$= \frac{\partial}{\partial x}f(x,y) \cdot \frac{d}{dt}\varphi(t) + \frac{\partial}{\partial y}f(x,y) \cdot \frac{d}{dt}\psi(t)$$

合成関数の偏微分法 ($z = f(x,y)$, $x = \varphi(s,t)$, $y = \psi(s,t)$ のとき)

$$\frac{\partial z}{\partial s} = \frac{\partial z}{\partial x} \cdot \frac{\partial x}{\partial s} + \frac{\partial z}{\partial y} \cdot \frac{\partial y}{\partial s}$$
$$= \frac{\partial}{\partial x}f(x,y) \cdot \frac{\partial}{\partial s}\varphi(s,t) + \frac{\partial}{\partial y}f(x,y) \cdot \frac{\partial}{\partial s}\psi(s,t)$$

$$\frac{\partial z}{\partial t} = \frac{\partial z}{\partial x} \cdot \frac{\partial x}{\partial t} + \frac{\partial z}{\partial y} \cdot \frac{\partial y}{\partial t}$$
$$= \frac{\partial}{\partial x}f(x,y) \cdot \frac{\partial}{\partial t}\varphi(s,t) + \frac{\partial}{\partial y}f(x,y) \cdot \frac{\partial}{\partial t}\psi(s,t)$$

§5.4 陰関数の導関数

陰関数の導関数 ($F(x,y) = 0$ のとき)

$$y' = -\frac{F_x(x,y)}{F_y(x,y)} \qquad (F_y(x,y) \neq 0)\ ^{*1}$$

[*1] $F_y(x,y) \neq 0$ をみたす (x,y) に対し，この公式が成り立つ．

§5.5 高次偏導関数

第 2 次偏導関数を表す記号($z = f(x,y)$ のとき)

$$f_{xx}(x,y), \quad z_{xx}, \quad \frac{\partial^2}{\partial x^2}f(x,y), \quad \frac{\partial^2 z}{\partial x^2} \quad \cdots\cdots \quad \frac{\partial}{\partial x}\left(\frac{\partial}{\partial x}f(x,y)\right)$$

$$f_{xy}(x,y), \quad z_{xy}, \quad \frac{\partial^2}{\partial y \partial x}f(x,y), \quad \frac{\partial^2 z}{\partial y \partial x} \quad \cdots\cdots \quad \frac{\partial}{\partial y}\left(\frac{\partial}{\partial x}f(x,y)\right)$$

$$f_{yx}(x,y), \quad z_{yx}, \quad \frac{\partial^2}{\partial x \partial y}f(x,y), \quad \frac{\partial^2 z}{\partial x \partial y} \quad \cdots\cdots \quad \frac{\partial}{\partial x}\left(\frac{\partial}{\partial y}f(x,y)\right) \quad {}^{*2}$$

$$f_{yy}(x,y), \quad z_{yy}, \quad \frac{\partial^2}{\partial y^2}f(x,y), \quad \frac{\partial^2 z}{\partial y^2} \quad \cdots\cdots \quad \frac{\partial}{\partial y}\left(\frac{\partial}{\partial y}f(x,y)\right)$$

§5.6 テイラー展開

テイラー展開 $\bigl[\,(a,b)$ におけるテイラー展開 $\bigr]$ ($h = x-a,\ k = y-b$)

$$\begin{aligned}
f(a+h, b+k) &= f(a,b) + \frac{1}{1!}\left(h\frac{\partial}{\partial x} + k\frac{\partial}{\partial y}\right)f(a,b) \\
&\quad + \frac{1}{2!}\left(h\frac{\partial}{\partial x} + k\frac{\partial}{\partial y}\right)^2 f(a,b) \\
&\quad + \cdots + \frac{1}{n!}\left(h\frac{\partial}{\partial x} + k\frac{\partial}{\partial y}\right)^n f(a,b) + \cdots \\
&= f(a,b) + f_x(a,b)h + f_y(a,b)k \\
&\quad + \frac{1}{2}\{f_{xx}(a,b)h^2 + 2f_{xy}(a,b)hk + f_{yy}(a,b)k^2\} + \cdots
\end{aligned}$$

[*2] $f_{xy}(x,y)$ と $f_{yx}(x,y)$ が共に連続ならば, $f_{xy}(x,y) = f_{yx}(x,y)$ が成り立つ.

マクローリン展開

$$f(x,y) = f(0,0) + \frac{1}{1!}\left(x\frac{\partial}{\partial x} + y\frac{\partial}{\partial y}\right)f(0,0)$$
$$+ \frac{1}{2!}\left(x\frac{\partial}{\partial x} + y\frac{\partial}{\partial y}\right)^2 f(0,0)$$
$$+ \cdots + \frac{1}{n!}\left(x\frac{\partial}{\partial x} + y\frac{\partial}{\partial y}\right)^n f(0,0) + \cdots$$
$$= f(0,0) + f_x(0,0)x + f_y(0,0)y$$
$$+ \frac{1}{2}\left\{f_{xx}(0,0)x^2 + 2f_{xy}(0,0)xy + f_{yy}(0,0)y^2\right\} + \cdots$$

($=$ 「$(0,0)$ におけるテイラー展開」)

§5.7 極　値

極値の基本

$f(a,b)$：極値
$\implies f_x(a,b) = f_y(a,b) = 0$

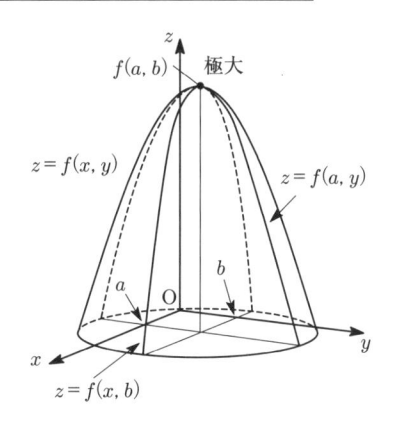

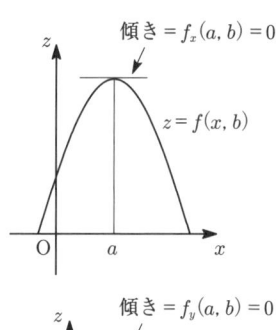

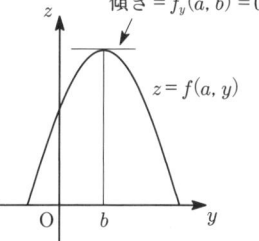

傾き $= f_x(a,b) = 0$

$z = f(x,b)$

傾き $= f_y(a,b) = 0$

$z = f(a,y)$

$f(a,b)$　極大

$z = f(x,y)$

$z = f(a,y)$

$z = f(x,b)$

極値の判定 ($f_x(a,b) = f_y(a,b) = 0$ のとき)

$\Delta(a,b) = f_{xx}(a,b) f_{yy}(a,b) - \{f_{xy}(a,b)\}^2$ とおくと

(i) $\Delta(a,b) > 0$ のとき
- $f_{xx}(a,b) > 0 \implies f(a,b)$: 極小値
- $f_{xx}(a,b) < 0 \implies f(a,b)$: 極大値

(ii) $\Delta(a,b) < 0$ のとき
 $f(a,b)$: 極値ではない

問題 A

1. 次の関数 $f(x,y)$ の ( ) 内の点 $(x,y) = (a,b)$ における偏微分係数 $f_x(a,b)$, $f_y(a,b)$ を求めよ 〈§5.2〉.

(1) $f(x,y) = xy$ $\quad((a,b) = (1,-1))$

(2) $f(x,y) = e^{x+y}$ $\quad((a,b) = (0,1))$

(3) $f(x,y) = \sin x + \cos y$ $\quad\left((a,b) = \left(\dfrac{\pi}{4}, \dfrac{\pi}{4}\right)\right)$

(4) $f(x,y) = x \tan y$ $\quad\left((a,b) = \left(1, \dfrac{\pi}{3}\right)\right)$

2. 次の関数の偏導関数 $f_x(x,y)$, $f_y(x,y)$ を求めよ 〈§5.2〉.

(1) $f(x,y) = 2x + 3y + 1$ $\quad$ (2) $f(x,y) = 3x^2 + 2xy - y^2$

(3) $f(x,y) = \dfrac{y}{x}$ $\quad$ (4) $f(x,y) = \dfrac{1-xy}{1+xy}$

(5) $f(x,y) = x^2 y^3$ $\quad$ (6) $f(x,y) = \dfrac{1}{x^2 y^3}$

(7) $f(x,y) = \sqrt{xy}$ $\quad$ (8) $f(x,y) = \sqrt{\dfrac{y}{x}}$

(9) $f(x,y) = (x^2 - 3xy + y^2)(x^2 - 3xy - y^2)$

(10) $f(x,y) = \dfrac{x^2 - 3xy + y^2}{x^2 - 3xy - y^2}$ $\quad$ (11) $f(x,y) = (x^2 - y^2)\, e^x$

(12) $f(x,y) = y^x \quad (y > 0)$ $\quad$ (13) $f(x,y) = \dfrac{x^2 - y^2}{\log y}$

(14) $f(x,y) = \sin x \cos y$ $\quad$ (15) $f(x,y) = \dfrac{xy}{\sin x + \cos y}$

3. 次の関数の偏導関数 $f_x(x,y)$, $f_y(x,y)$ を求めよ 〈§5.3〉.

(1) $f(x,y) = (x^2 + y^3)^4$ $\quad$ (2) $f(x,y) = \dfrac{1}{(x^2 + y^3)^4}$

(3) $f(x,y) = (x + 2y)\sqrt{x - 2y}$ $\quad$ (4) $f(x,y) = \left(\dfrac{2x + 3y}{3x + 2y}\right)^3$

(5) $f(x,y) = e^{-x^2 + y^2}$ $\quad$ (6) $f(x,y) = e^{xy + x}$

(7) $f(x,y) = \log\left(x + \dfrac{1}{y}\right)$

(8) $f(x,y) = \sin(x^2 + xy - y^2)$

(9) $f(x,y) = \tan\dfrac{1}{xy}$

(10) $f(x,y) = \cos(x-y)^2$

(11) $f(x,y) = \cos^2(x-y)$

(12) $f(x,y) = e^{xy}(\cos x + \sin y)$

(13) $f(x,y) = x^{y^2}$ $(x > 0)$

(14) $f(x,y) = \log|\cos x + \sin y|$

(15) $f(x,y) = \tan^{-1}\dfrac{x}{y}$

(16) $f(x,y) = \sin^{-1}\dfrac{y}{x^2}$

4. 次の合成関数の導関数 $\dfrac{dz}{dt}$ を t の式で表せ〈§5.3〉.

(1) $z = x^3 - y^3,\ x = 2t - 1,\ y = t - 2$

(2) $z = \dfrac{x-y}{x+y},\ x = e^t,\ y = e^{-t}$

(3) $z = \log(x^2 + y^2),\ x = \sqrt{t},\ y = \dfrac{1}{\sqrt{t}}$

(4) $z = \sqrt{xy},\ x = \cos t,\ y = \sin t$

(5) $z = \sin x \cos y,\ x = (t+1)^2,\ y = (t-1)^2$

(6) $z = \tan^{-1}\dfrac{y}{x},\ x = 1 + \sqrt{t},\ y = 1 - \sqrt{t}$

5. 次の合成関数の偏導関数 $\dfrac{\partial z}{\partial s},\ \dfrac{\partial z}{\partial t}$ を $s,\ t$ の式で表せ〈§5.3〉.

(1) $z = x^3 - y^3,\ x = 2t - s,\ y = t - 2s$

(2) $z = \dfrac{x-y}{x+y},\ x = e^{s+t},\ y = e^{-s-t}$

(3) $z = \log(x^2 + y^2),\ x = s\sqrt{t},\ y = \dfrac{1}{t\sqrt{s}}$

(4) $z = \sqrt{xy},\ x = (s+t)\cos t,\ y = (s-t)\sin t$

(5) $z = \sin x \cos y,\ x = (s+t)^2,\ y = (s-t)^2$

(6) $z = \tan^{-1}\dfrac{y}{x},\ x = \sqrt{s} + \sqrt{t},\ y = \sqrt{s} - \sqrt{t}$

6. $x = r\cos\theta,\ y = r\sin\theta\ (r > 0)$ のとき, 次の関数の偏導関数 $\dfrac{\partial z}{\partial r},\ \dfrac{\partial z}{\partial \theta}$ を $r,\ \theta$ の式で表せ〈§5.3〉.

(1) $z = x^2 - y^2$ (2) $z = \sqrt{x+y}$

(3) $z = \dfrac{1}{xy}$ (4) $z = e^{xy}$

7. 次の関数 $F(x,y)$ について，$F(x,y) = 0$ が定める陰関数 y の導関数を求めよ 〈§5.4〉．

(1) $F(x,y) = x^3 + xy - 2y^2$ (2) $F(x,y) = x\sqrt{y} + y\sqrt{x} - 2$

(3) $F(x,y) = e^x \sin y + e^{-x} \cos y$ (4) $F(x,y) = \log(x^2+y^2) - \tan^{-1}\dfrac{y}{x}$

8. 次の関数の第 2 次偏導関数 $f_{xx}(x,y)$, $f_{xy}(x,y)$, $f_{yx}(x,y)$, $f_{yy}(x,y)$ を求めよ 〈§5.5〉．

(1) $f(x,y) = x^3 - 2x^2 y + y^4$ (2) $f(x,y) = \dfrac{1}{x-y}$

(3) $f(x,y) = \sqrt{x^2 - y^2}$ (4) $f(x,y) = e^{x^2 y}$

(5) $f(x,y) = xy e^{x-y}$ (6) $f(x,y) = \log(2x - y)$

(7) $f(x,y) = \sin xy$ (8) $f(x,y) = \sin^{-1} xy$

9. 次の関数のマクローリン展開を 2 次 (x^2, xy, y^2) の項まで求めよ 〈§5.6〉．

(1) $f(x,y) = e^{x-y}$ (2) $f(x,y) = \cos(2x+y)$

(3) $f(x,y) = \dfrac{1}{1-x+y}$ (4) $f(x,y) = \sqrt{1-x+y}$

(5) $f(x,y) = \log(1-x+y)$ (6) $f(x,y) = e^{x+y}(\sin x + \cos y)$

10. 次の関数の極値を求めよ 〈§5.7〉．

(1) $f(x,y) = -x^2 - y^2 + 2x$ (2) $f(x,y) = 2x^2 - 4xy + 3y^2 - 4x + 2y$

(3) $f(x,y) = x^3 + 6xy - y^2$ (4) $f(x,y) = x^3 - 3xy + y^3$

(5) $f(x,y) = x^3 + xy^2 - 2xy - 2x$ (6) $f(x,y) = x^4 - 2xy + 2y^2$

(7) $f(x,y) = \dfrac{y}{x} + x + \dfrac{1}{y}$ (8) $f(x,y) = xe^{-x^2-y^2}$

問題 B

1. 次の関数の偏導関数 $f_x(x,y)$, $f_y(x,y)$ を求めよ．

(1) $f(x,y) = x^2 y \, e^{x^2 y}$

(2) $f(x,y) = \dfrac{\sin x^2 y}{x^2 y}$

(3) $f(x,y) = \sin^2 \dfrac{y}{x}$

(4) $f(x,y) = \log(e^{x+y} + e^{x-y})$

(5) $f(x,y) = \log|\tan xy|$

(6) $f(x,y) = (x^2+1)^{y^2+1}$

(7) $f(x,y) = \tan^{-1}\left(\sqrt{\dfrac{y}{2x}} - \sqrt{\dfrac{x}{2y}}\right)$

(8) $f(x,y) = \sin^{-1}\dfrac{x-y}{x+y}$

2. $\dfrac{\partial^2 z}{\partial x^2} + \dfrac{\partial^2 z}{\partial y^2} = 0$ （ラプラス方程式）をみたす関数 $z = f(x,y)$ を**調和関数**という．次の関数が調和関数であるか否かを調べよ．

(1) $z = x^2 - y^2$

(2) $z = x^3 - y^3$

(3) $z = x^3 - 3xy^2$

(4) $z = \log(x^2 + y^2)$

(5) $z = \log(x^2 - y^2)$

(6) $z = \tan^{-1}\dfrac{y}{x}$

3. 等式 $x^2 - 4xy + 3y^2 = -1$ $\cdots$ ① が定める陰関数 $y = f(x)$ について，次の問に答えよ．

(1) y を x の関数とみなして等式 ① の両辺を x で微分することにより，導関数 y', y'' を求めよ．

(2) $y' = 0$ をみたす点 (x,y) をすべて求めよ．

(3) 陰関数 $y = f(x)$ の極値を求めよ．

ヒント：(2) は，$y' = 0$ から得られる x, y の関係式と等式 ① の連立方程式を解く．(3) は，$y' = 0$ のとき「$y'' > 0 \implies$ 極小，$y'' < 0 \implies$ 極大」であることを利用する（極値の判定 (p.23)，曲線の凹凸 (p.23) 参照）．

問題 B

4. $x = r\cos\theta, y = r\sin\theta$ ($r>0$) のとき，関数 $z = f(x,y)$ について次の等式が成り立つことを示せ．

(1) $\dfrac{\partial z}{\partial r} = \dfrac{\partial z}{\partial x}\cos\theta + \dfrac{\partial z}{\partial y}\sin\theta$

$\dfrac{\partial z}{\partial \theta} = -\dfrac{\partial z}{\partial x}r\sin\theta + \dfrac{\partial z}{\partial y}r\cos\theta$

(2) $\left(\dfrac{\partial z}{\partial x}\right)^2 + \left(\dfrac{\partial z}{\partial y}\right)^2 = \left(\dfrac{\partial z}{\partial r}\right)^2 + \dfrac{1}{r^2}\left(\dfrac{\partial z}{\partial \theta}\right)^2$

(3) $\dfrac{\partial^2 z}{\partial x^2} + \dfrac{\partial^2 z}{\partial y^2} = \dfrac{\partial^2 z}{\partial r^2} + \dfrac{1}{r^2}\dfrac{\partial^2 z}{\partial \theta^2} + \dfrac{1}{r}\dfrac{\partial z}{\partial r}$

5. 関数 $f(x,y)$ について，x, y の変化量 $\Delta x, \Delta y$ が非常に小さいとき，$f(x+\Delta x, y+\Delta y) - f(x,y)$ は $f_x(x,y)\Delta x + f_y(x,y)\Delta y$ で近似できる：

$$f(x+\Delta x, y+\Delta y) - f(x,y) \fallingdotseq f_x(x,y)\Delta x + f_y(x,y)\Delta y \text{ }^{*3}$$

(テイラー展開 (p.56) を h, k の 1 次の項までの近似式とし，「$a=x, b=y, h=\Delta x, k=\Delta y$」としたもの)．この近似式を利用して，次の数の近似値を求めよ．

(1) $1.01^2 \times 2.99^3$

(2) $\dfrac{4.02^4}{1.99^3}$

(3) $2.98^2 \times 3.99^{\frac{3}{2}}$

(4) $\dfrac{5.99}{\sqrt[3]{8.04}}$

6. 曲面 $z = f(x,y)$ 上の点 $(a, b, f(a,b))$ における**接平面の方程式**は

$$\boxed{z = f_x(a,b)(x-a) + f_y(a,b)(y-b) + f(a,b)}\text{ }^{*4}$$

で与えられる (曲線 $y = f(x)$ 上の点における接線の方程式 (p.19) と比較しよう)．

[*3] 右辺を dz と表し，**全微分**と呼ぶ．

[*4] これは **5** の近似式において「$x=a, y=b, \Delta x = x-a, \Delta y = y-b, f(x+\Delta x, y+\Delta y) = z$」とし，"$\fallingdotseq$" を等号にしたものである．

$z = f_x(a,b)(x-a) + f_y(a,b)(y-b) + f(a,b)$

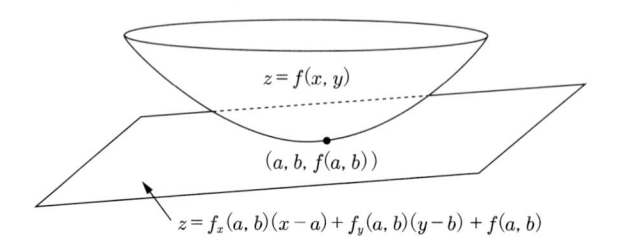

次の曲面の ( ) 内の点 P における接平面の方程式を求めよ．

(1) $z = x^2 + y^2$ （P$(\sqrt{2}, 1, 3)$）

(2) $z = xy + x - y$ （P$(-1, 1, -3)$）

(3) $z = x^3 - y^3$ （P$(3, 2, 19)$）

(4) $z = \sqrt{x^2 + 2y^2}$ （P$(1, 2, 3)$）

(5) $z = e^{x+y}$ （P$(-1, 1, 1)$）

(6) $z = \sin(2x + y)$ （P$\left(\dfrac{\pi}{4}, \dfrac{\pi}{2}, 0\right)$）

7. 3 変数関数 $f(x, y, z)$ の偏導関数 $f_x(x, y, z)$ を，「y, z を定数とみなして $f(x, y, z)$ を x で微分したもの」と定める（$f_y(x, y, z), f_z(x, y, z)$ についても同様）．次の関数の偏導関数 $f_x(x, y, z), f_y(x, y, z), f_z(x, y, z)$ を求めよ．

(1) $f(x, y, z) = xy^2 z^3$

(2) $f(x, y, z) = \dfrac{1}{xy^2 z^3}$

(3) $f(x, y, z) = \sqrt{xy} + \sqrt{yz} + \sqrt{zx}$

(4) $f(x, y, z) = \sin xy \cos z + \sin yz \cos x$

第6章 2重積分

§6.1 2重積分

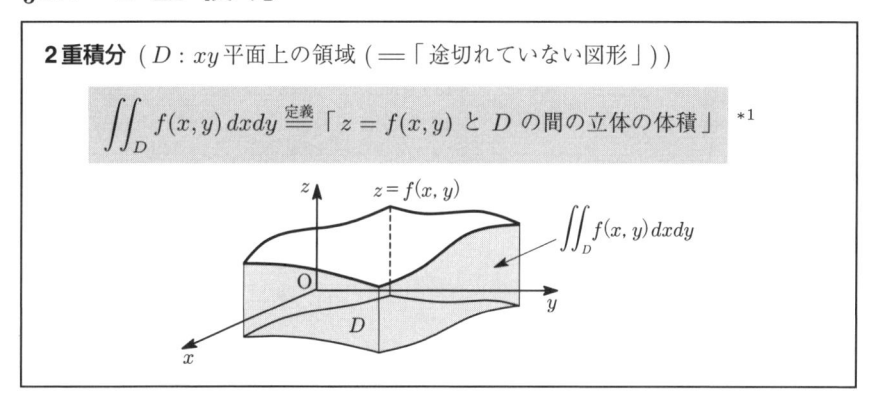

2重積分 ($D: xy$ 平面上の領域 ($=$ 「途切れていない図形」))

$$\iint_D f(x,y)\,dxdy \stackrel{\text{定義}}{=\!=\!=} \text{「} z = f(x,y) \text{ と } D \text{ の間の立体の体積」}$$ [*1]

§6.2 長方形領域上の積分

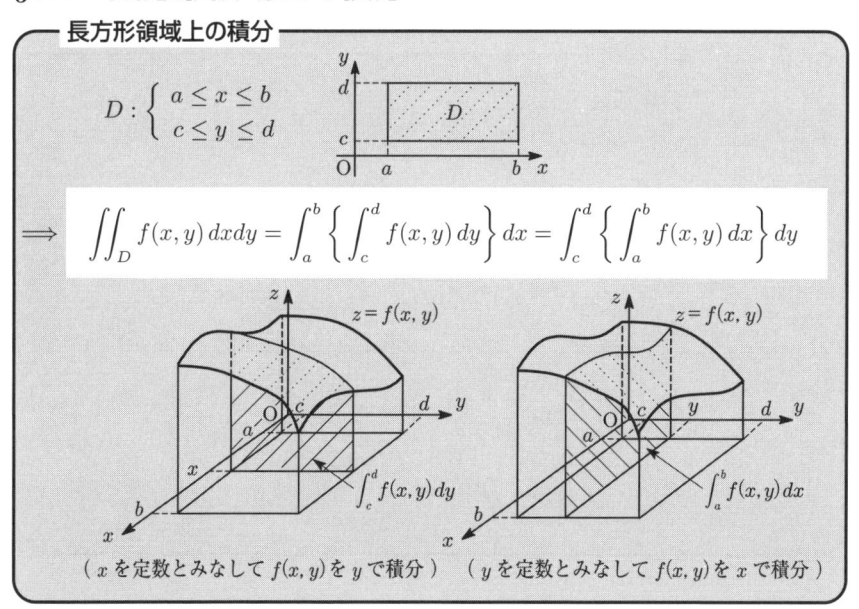

長方形領域上の積分

$D : \begin{cases} a \leq x \leq b \\ c \leq y \leq d \end{cases}$

$$\Rightarrow \iint_D f(x,y)\,dxdy = \int_a^b \left\{ \int_c^d f(x,y)\,dy \right\} dx = \int_c^d \left\{ \int_a^b f(x,y)\,dx \right\} dy$$

(x を定数とみなして $f(x,y)$ を y で積分)　　(y を定数とみなして $f(x,y)$ を x で積分)

[*1] $f(x,y) < 0$ である領域上の2重積分は，体積にマイナスをつけたものに等しい．

§6.3 縦(横)線形領域上の積分

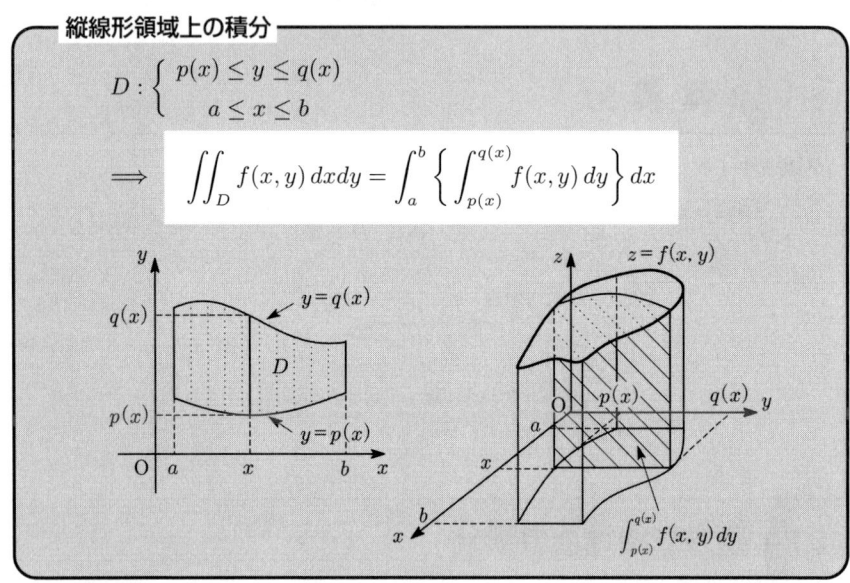

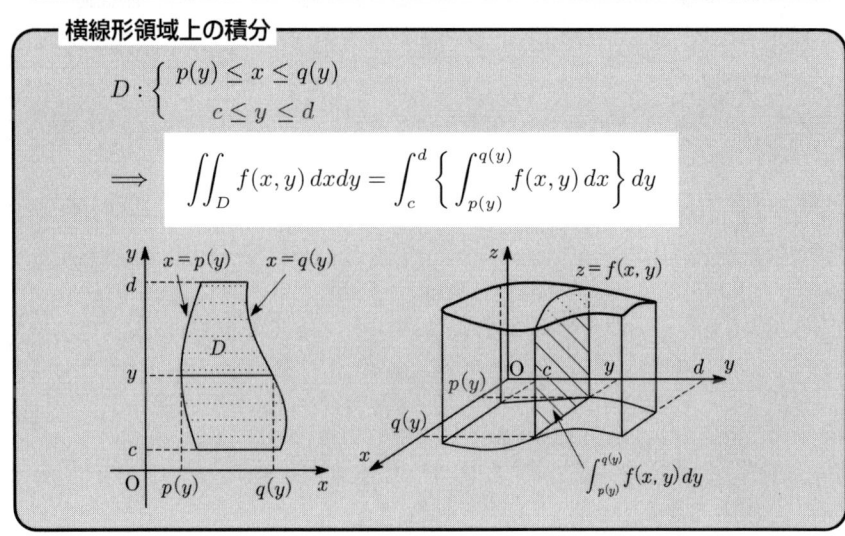

縦線形領域上の積分

$D : \begin{cases} p(x) \leq y \leq q(x) \\ a \leq x \leq b \end{cases}$

$\implies \iint_D f(x,y)\,dxdy = \int_a^b \left\{ \int_{p(x)}^{q(x)} f(x,y)\,dy \right\} dx$

横線形領域上の積分

$D : \begin{cases} p(y) \leq x \leq q(y) \\ c \leq y \leq d \end{cases}$

$\implies \iint_D f(x,y)\,dxdy = \int_c^d \left\{ \int_{p(y)}^{q(y)} f(x,y)\,dx \right\} dy$

§6.4 変数変換

2重積分の変数変換

$$E \xrightarrow{1:1} D \qquad \begin{pmatrix} x = \varphi(u,v) \\ y = \psi(u,v) \end{pmatrix}$$
$$(u,v) \longmapsto (\varphi(u,v), \psi(u,v))$$

$$\implies \boxed{\iint_D f(x,y)\,dxdy = \iint_E f(\varphi(u,v), \psi(u,v)) |J|\,dudv}\quad {}^{*2}$$

$$\left(|J| = \left| \det \begin{pmatrix} x_u & x_v \\ y_u & y_v \end{pmatrix} \right| = 行列 \begin{pmatrix} x_u & x_v \\ y_u & y_v \end{pmatrix} の行列式の絶対値 \right)$$

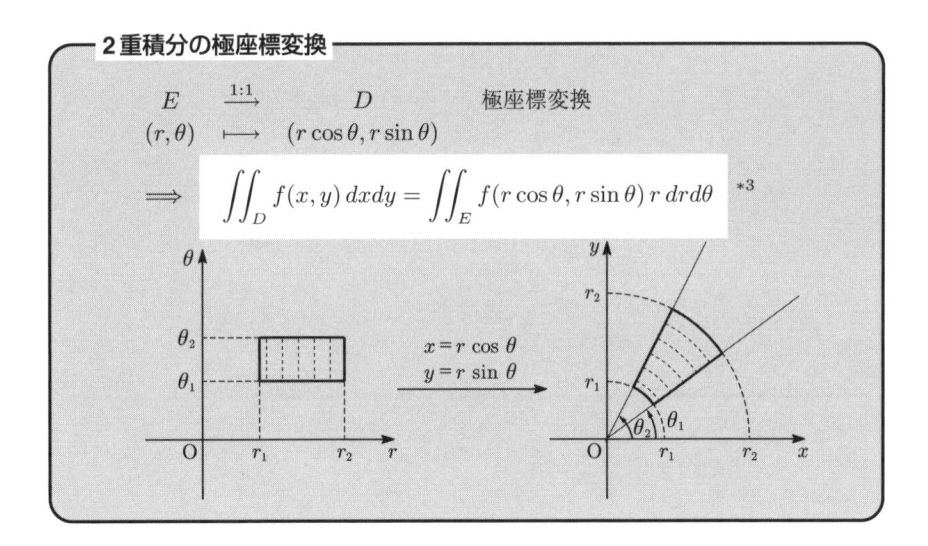

2重積分の極座標変換

$$E \xrightarrow{1:1} D \qquad 極座標変換$$
$$(r,\theta) \longmapsto (r\cos\theta, r\sin\theta)$$

$$\implies \boxed{\iint_D f(x,y)\,dxdy = \iint_E f(r\cos\theta, r\sin\theta)\,r\,drd\theta}\quad {}^{*3}$$

$$x = r\cos\theta$$
$$y = r\sin\theta$$

極座標変換による2重積分の計算

$$E : \begin{cases} p(\theta) \le r \le q(\theta) \\ \alpha \le \theta \le \beta \end{cases} \xrightarrow{1:1} D \qquad 極座標変換$$

$$\implies \iint_D f(x,y)\,dxdy = \int_\alpha^\beta \left\{ \int_{p(\theta)}^{q(\theta)} f(r\cos\theta, r\sin\theta)\,r\,dr \right\} d\theta$$

---

*2 J を変数変換 $x = \varphi(u,v)$, $y = \psi(u,v)$ の**ヤコビアン**という.
*3 極座標変換のヤコビアンは r に等しい. つまり $|J| = J = r$ である.

§6.5　2重積分の応用

体積（ $f(x,y) \geq g(x,y)$ のとき ）

$$V = \iint_D \{f(x,y) - g(x,y)\}\, dxdy$$

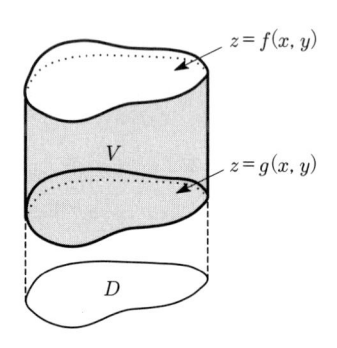

曲面の表面積

$$S = \iint_D \sqrt{1 + \{f_x(x,y)\}^2 + \{f_y(x,y)\}^2}\, dxdy$$

$$\left(= \iint_D \sqrt{1 + z_x^2 + z_y^2}\, dxdy \right)$$

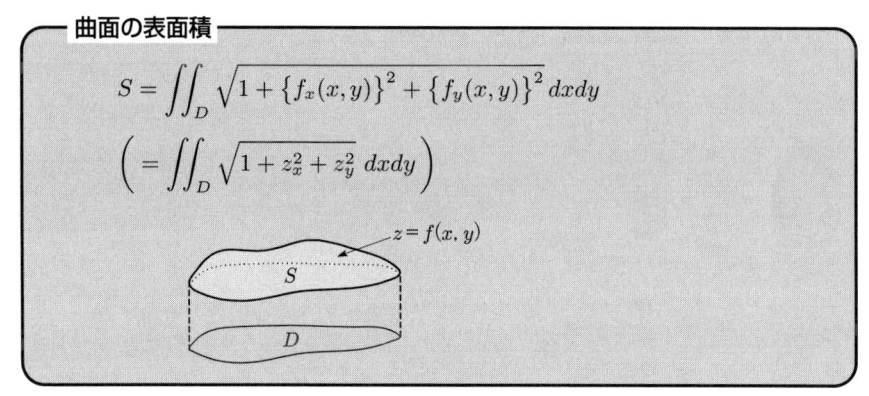

問題 A

1. 次の 2 重積分を計算せよ 〈§6.2〉.

(1) $\iint_{\substack{0\leq x\leq 1\\ 0\leq y\leq 1}} (2x-y)\,dxdy$

(2) $\iint_{\substack{0\leq x\leq 2\\ -1\leq y\leq 0}} xy\,dxdy$

(3) $\iint_{\substack{1\leq x\leq e\\ 1\leq y\leq 2}} \frac{1}{x}\,dxdy$

(4) $\iint_{\substack{0\leq x\leq 3\\ 1\leq y\leq 4}} x\sqrt{y}\,dxdy$

(5) $\iint_{\substack{-2\leq x\leq 1\\ -1\leq y\leq 2}} e^{x-y}\,dxdy$

(6) $\iint_{\substack{0\leq x\leq \pi\\ 0\leq y\leq \pi}} (\sin x+\cos y)\,dxdy$

(7) $\iint_{\substack{0\leq x\leq 1\\ 0\leq y\leq 2}} ye^{xy}\,dxdy$

(8) $\iint_{\substack{-2\leq x\leq 0\\ 0\leq y\leq 1}} \frac{x}{1-xy}\,dxdy$

2. 次の不等式の表す領域 D を図示せよ．また，各不等式を

$$\begin{cases} p(x)\leq y\leq q(x)\\ a\leq x\leq b \end{cases} \text{または} \begin{cases} p(y)\leq x\leq q(y)\\ c\leq y\leq d \end{cases}$$

の形に変形せよ 〈§6.3〉.

(1) $D: \begin{cases} x+y\leq 2\\ x\geq 0,\, y\geq 0 \end{cases}$

(2) $D: \begin{cases} 0\leq x+y\leq 2x\\ x\leq 1 \end{cases}$

(3) $D: 0\leq x\leq y\leq 1$

(4) $D: x^2-1\leq y\leq 0$

(5) $D: \begin{cases} x^2-4x+y\leq 0\\ 2x-y\leq 0 \end{cases}$

(6) $D: \begin{cases} x-y^2\geq 0\\ x+y^2\leq 2 \end{cases}$

(7) $D: \begin{cases} x^2+y^2\leq 1\\ y\geq 0 \end{cases}$

(8) $D: \begin{cases} x^2-2x+y^2\leq 0\\ x-y\leq 0 \end{cases}$

3. 次の 2 重積分を計算せよ (領域 D は **2** に対応している) 〈§6.3〉.

(1) $\iint_D (x-y)\,dxdy \qquad D: \begin{cases} x+y\leq 2\\ x\geq 0,\, y\geq 0 \end{cases}$

(2) $\iint_D y^2\,dxdy \qquad D: \begin{cases} 0\leq x+y\leq 2x\\ x\leq 1 \end{cases}$

(3) $\displaystyle\iint_D e^{-y}\,dxdy$ $D: 0 \leq x \leq y \leq 1$

(4) $\displaystyle\iint_D (x^2 + y)\,dxdy$ $D: x^2 - 1 \leq y \leq 0$

(5) $\displaystyle\iint_D \sqrt{x}\,dxdy$ $D: \begin{cases} x^2 - 4x + y \leq 0 \\ 2x - y \leq 0 \end{cases}$

(6) $\displaystyle\iint_D x(y+1)\,dxdy$ $D: \begin{cases} x - y^2 \geq 0 \\ x + y^2 \leq 2 \end{cases}$

(7) $\displaystyle\iint_D y\,dxdy$ $D: \begin{cases} x^2 + y^2 \leq 1 \\ y \geq 0 \end{cases}$

(8) $\displaystyle\iint_D (x^2 y - y^3)\,dxdy$ $D: \begin{cases} x^2 - 2x + y^2 \leq 0 \\ x - y \leq 0 \end{cases}$

4. 次の 2 重積分を計算せよ〈§6.3〉.

(1) $\displaystyle\iint_D (1 + xy)\,dxdy$ $D: \begin{cases} x - y \leq 1 \\ x \geq 0, y \leq 0 \end{cases}$

(2) $\displaystyle\iint_D e^{-x-y}\,dxdy$ $D: \begin{cases} 0 \leq x - y \leq y \\ y \leq 1 \end{cases}$

(3) $\displaystyle\iint_D \frac{1}{y+1}\,dxdy$ $D: 0 \leq y \leq x \leq 1$

(4) $\displaystyle\iint_D \sqrt[3]{x}\,dxdy$ $D: 0 \leq y \leq -x^2 + x$

(5) $\displaystyle\iint_D (x - 2)\,dxdy$ $D: \begin{cases} x^2 - y \leq 2 \\ x + y \leq 0 \end{cases}$

(6) $\displaystyle\iint_D y(x^2 + 1)\,dxdy$ $D: \begin{cases} x^2 - y \leq -1 \\ x^2 + y \leq 3 \end{cases}$

(7) $\displaystyle\iint_D xy^2\,dxdy$ $D: \begin{cases} x^2 + y^2 \leq 2 \\ x \geq 0 \end{cases}$

(8) $\iint_D (1-y)\,dxdy$ $\qquad D:\begin{cases} x^2+y^2-2y \leq 0 \\ x+y \leq 0 \end{cases}$

5. ( )内の変数変換により，次の 2 重積分を計算せよ〈§6.4〉．

(1) $\iint_D y\,dxdy$ $\qquad D:\begin{cases} x^2-2x \leq y \leq x-2 \\ 1 \leq x \leq 2 \end{cases}$ $\quad \left(\begin{array}{l} x=u+1 \\ y=v-2 \end{array}\right)$

(2) $\iint_D \dfrac{x+y}{(x-y)^2}\,dxdy$ $\qquad D:\begin{cases} 0 \leq x+y \leq 1 \\ 1 \leq x-y \leq 2 \end{cases}$ $\quad \left(\begin{array}{l} u=x+y \\ v=x-y \end{array}\right)$

(3) $\iint_D x\,dxdy$ $\qquad D:\begin{cases} 0 \leq 2x+y \leq 1 \\ -2 \leq 2x-y \leq 0 \end{cases}$ $\quad \left(\begin{array}{l} u=2x+y \\ v=2x-y \end{array}\right)$

(4) $\iint_D e^{-(x+y)^2}\,dxdy$ $\qquad D:\begin{cases} x+y \leq 1 \\ x \geq 0,\, y \geq 0 \end{cases}$ $\quad \left(\begin{array}{l} x=u-uv \\ y=uv \end{array}\right)$

6. 極座標変換

$x=r\cos\theta,\ y=r\sin\theta\ (r \geq 0,\ 0 \leq \theta \leq 2\pi\ \text{または}\ -\pi \leq \theta \leq \pi)$

により，次の 2 重積分を計算せよ〈§6.4〉．

(1) $\iint_D (x^2+y^2)\,dxdy$ $\qquad D:\begin{cases} x^2+y^2 \leq 1 \\ y \geq 0 \end{cases}$

(2) $\iint_D \dfrac{1}{(x^2+y^2)^2}\,dxdy$ $\qquad D:1 \leq x^2+y^2 \leq 4$

(3) $\iint_D y\,dxdy$ $\qquad D:0 \leq y \leq \sqrt{1-x^2}$

(4) $\iint_D e^{-x^2-y^2}\,dxdy$ $\qquad D:\begin{cases} x^2+y^2 \leq 2 \\ x \geq 0 \end{cases}$

(5) $\iint_D \dfrac{1}{\sqrt{2-x^2-y^2}}\,dxdy$ $\quad D:x^2+y^2 \leq 1$

(6) $\iint_D \dfrac{x^2+y^2}{x}\,dxdy$ $\qquad D:x^2+y^2 \leq 2x$

7. 次の曲面や平面で囲まれた図形の体積を求めよ 〈§6.5〉.

(1) $x+y+z=1$, $x=0$, $y=0$, $z=0$

(2) $x^2+y^2=1$, $z=0$, $z=1$

(3) $x^2+y^2+z^2=4$ ($z \geq 0$), $z=0$

(4) $x^2+y^2+z^2=9$ ($z \geq 0$), $z=1$

(5) $z=x^2+y^2$, $z=2$

(6) $z=x^2+y^2$, $x^2+y^2+z^2=2$ ($z \geq 0$)

(7) $x^2+y^2+z^2=4$ ($x^2+y^2 \leq 1$), $x^2+y^2=1$

(8) $x^2+y^2+z^2=1$ ($x \geq 0$), $x^2+y^2=x$

ヒント：図を描いて，どの曲面 $z=f(x,y)$ をどの領域 D 上積分すればよいかを考える．

8. 次の曲面や平面の表面積を求めよ 〈§6.5〉.

(1) $x+y+z=1$ ($x \geq 0$, $y \geq 0$, $z \geq 0$)

(2) $x^2+z^2=1$ ($0 \leq y \leq 1$, $z \geq 0$)

(3) $x^2+y^2+z^2=4$ ($z \geq 0$)

(4) $z=x^2+y^2$ ($z \leq 2$)

(5) $x^2+y^2+z^2=4$ ($z \geq 0$, $x^2+y^2 \leq 1$)

(6) $x^2+y^2+z^2=1$ ($z \geq 0$, $x^2+y^2 \leq x$)

ヒント：図を描いて，どの領域 D 上積分すればよいかを考える．

問題 B

1. 1 変数関数 $g(x), h(x)$ に対し，等式

$$\iint_{\substack{a \leq x \leq b \\ c \leq y \leq d}} g(x)h(y)\,dxdy = \left\{\int_a^b g(x)\,dx\right\}\left\{\int_c^d h(y)\,dy\right\} \quad (a, b, c, d : 定数)$$

が成り立つことを示せ．また，この等式を利用して，次の 2 重積分を計算せよ．

(1) $\displaystyle\iint_D \frac{1+x^2}{1+y^2}\,dxdy \qquad D : \begin{cases} 0 \leq x \leq 1 \\ 0 \leq y \leq 1 \end{cases}$

(2) $\displaystyle\iint_D \left(\frac{1}{xy} + \frac{1}{x} + \frac{1}{y} + 1\right)dxdy \qquad D : \begin{cases} 1 \leq x \leq e \\ -e \leq y \leq -1 \end{cases}$

(3) $\displaystyle\iint_D e^{2x-y}\,dxdy \qquad D : \begin{cases} -\dfrac{1}{2} \leq x \leq 0 \\ 0 \leq y \leq 1 \end{cases}$

(4) $\displaystyle\iint_D \{\sin(x+y) + \sin(x-y)\}\,dxdy \qquad D : \begin{cases} 0 \leq x \leq \dfrac{\pi}{2} \\ \dfrac{\pi}{2} \leq y \leq \pi \end{cases}$

2. 次の 2 重積分を計算せよ．

(1) $\displaystyle\iint_D \frac{x}{y^2}\sin\frac{x}{y}\,dxdy \qquad D : \begin{cases} 0 \leq x \leq \pi \\ 1 \leq y \leq 2 \end{cases}$

(2) $\displaystyle\iint_D \frac{x+y}{\sqrt{1-y^2}}\,dxdy \qquad D : \begin{cases} 0 \leq x \leq \dfrac{1}{2} \\ 0 \leq y \leq \dfrac{1}{2} \end{cases}$

(3) $\displaystyle\iint_D \sqrt{x^2+y}\,dxdy \qquad D : \begin{cases} 2-\sqrt{4-y} \leq x \leq 2+\sqrt{4-y} \\ y \geq 0 \end{cases}$

(4) $\displaystyle\iint_D e^y\,dxdy \qquad D : \begin{cases} 0 \leq x \leq \sin y \\ 0 \leq y \leq \pi \end{cases}$

(5) $\displaystyle\iint_D x\,dxdy \qquad D : \begin{cases} 0 \leq y \leq \tan^{-1} x \\ x \leq 1 \end{cases}$

(6) $\iint_D e^{-y^2}\,dxdy$ $\qquad D: 0 \leq x \leq y \leq 1$

3. 例を参考にして，積分の順序を交換することにより，次の累次積分を計算せよ．

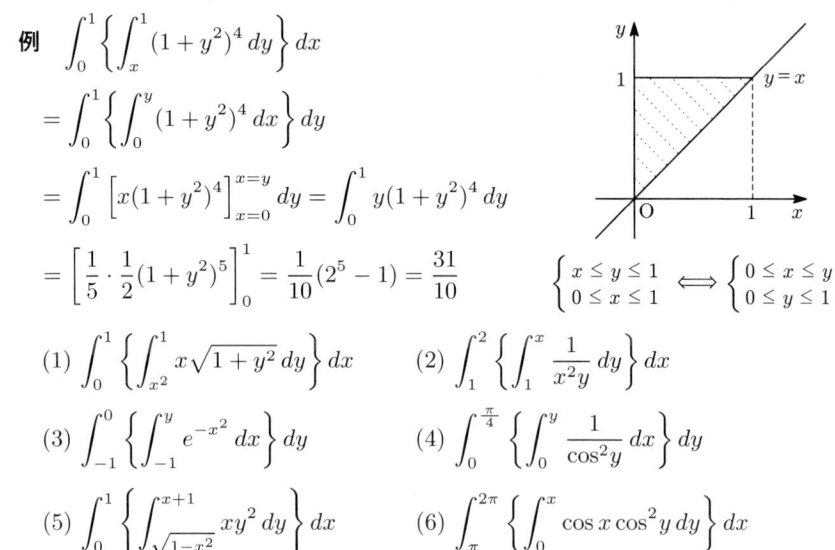

例
$$\int_0^1 \left\{\int_x^1 (1+y^2)^4\,dy\right\}dx$$
$$= \int_0^1 \left\{\int_0^y (1+y^2)^4\,dx\right\}dy$$
$$= \int_0^1 \left[x(1+y^2)^4\right]_{x=0}^{x=y}dy = \int_0^1 y(1+y^2)^4\,dy$$
$$= \left[\frac{1}{5}\cdot\frac{1}{2}(1+y^2)^5\right]_0^1 = \frac{1}{10}(2^5-1) = \frac{31}{10}$$

$\begin{cases} x \leq y \leq 1 \\ 0 \leq x \leq 1 \end{cases} \iff \begin{cases} 0 \leq x \leq y \\ 0 \leq y \leq 1 \end{cases}$

(1) $\int_0^1 \left\{\int_{x^2}^1 x\sqrt{1+y^2}\,dy\right\}dx$ (2) $\int_1^2 \left\{\int_1^x \frac{1}{x^2 y}\,dy\right\}dx$

(3) $\int_{-1}^0 \left\{\int_{-1}^y e^{-x^2}\,dx\right\}dy$ (4) $\int_0^{\frac{\pi}{4}} \left\{\int_0^y \frac{1}{\cos^2 y}\,dx\right\}dy$

(5) $\int_0^1 \left\{\int_{\sqrt{1-x^2}}^{x+1} xy^2\,dy\right\}dx$ (6) $\int_\pi^{2\pi} \left\{\int_0^x \cos x \cos^2 y\,dy\right\}dx$

> **ヒント**：領域 D が2つの領域 D_1 と D_2 に分けられるとき，
> $$\iint_D f(x,y)\,dxdy = \iint_{D_1} f(x,y)\,dxdy + \iint_{D_2} f(x,y)\,dxdy$$
> が成り立つ．(5), (6) はこれを利用する．

4. 2重積分と同様に **3重積分** $\iiint_D f(x,y,z)\,dxdydz$ を定義することができ，領域 D が
$\begin{cases} a_1 \leq x \leq a_2 \\ b_1 \leq y \leq b_2 \\ c_1 \leq z \leq c_2 \end{cases}$ と表される (「直方体」である) とき，

$$\iiint_D f(x,y,z)\,dxdydz = \int_{a_1}^{a_2}\left\{\int_{b_1}^{b_2}\left(\int_{c_1}^{c_2} f(x,y,z)\,dz\right)dy\right\}dx$$

が成り立つ (積分の順序は換えてもよい)．このことを利用して，次の3重積分を計算せよ．

(1) $\iiint_D xy^2z^3\,dxdydz$ $\qquad D:\begin{cases} 0\le x\le 1 \\ -1\le y\le 0 \\ 0\le z\le 1 \end{cases}$

(2) $\iiint_D \dfrac{1}{xy^2z^3}\,dxdydz$ $\qquad D:\begin{cases} 1\le x\le e \\ 1\le y\le 3 \\ -2\le z\le -1 \end{cases}$

(3) $\iiint_D \left(\sqrt{xy}+\sqrt{yz}+\sqrt{zx}\right)dxdydz$ $\qquad D:\begin{cases} 0\le x\le 1 \\ 0\le y\le 1 \\ 0\le z\le 1 \end{cases}$

(4) $\iiint_D (\sin x\cos y+\cos x\sin z)\,dxdydz$ $\qquad D:\begin{cases} 0\le x\le \dfrac{\pi}{2} \\ 0\le y\le \dfrac{\pi}{2} \\ 0\le z\le \dfrac{\pi}{2} \end{cases}$

5. 空間の極座標変換
$$x=r\sin\theta\cos\varphi$$
$$y=r\sin\theta\sin\varphi$$
$$z=r\cos\theta$$
($r\ge 0$, $0\le\theta\le\pi$, $0\le\varphi\le 2\pi$) により, $r\theta\varphi$ 空間の領域 E が xyz 空間の領域 D と 1 対 1 に対応するとき,
$$\iiint_D f(x,y,z)\,dxdydz$$
$$=\iiint_E f(r\sin\theta\cos\varphi,r\sin\theta\sin\varphi,r\cos\theta)|J|\,drd\theta d\varphi$$
が成り立つ. ここで

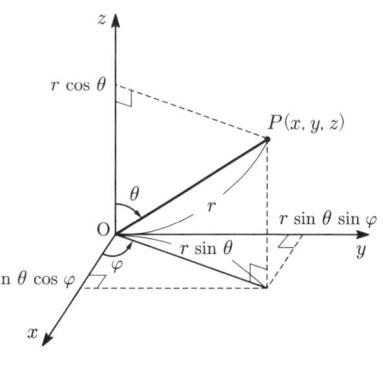

$$|J| = \left| \det \begin{pmatrix} x_r & x_\theta & x_\varphi \\ y_r & y_\theta & y_\varphi \\ z_r & z_\theta & z_\varphi \end{pmatrix} \right|$$

$$= 行列 \begin{pmatrix} x_r & x_\theta & x_\varphi \\ y_r & y_\theta & y_\varphi \\ z_r & z_\theta & z_\varphi \end{pmatrix} の行列式の絶対値$$

である．このとき $|J|$ を求めよ．また，極座標変換により，次の3重積分を計算せよ．

(1) $\iiint_D (x^2 + y^2 + z^2)\, dxdydz \qquad D : \begin{cases} x^2 + y^2 + z^2 \leq 1 \\ z \geq 0 \end{cases}$

(2) $\iiint_D y\, dxdydz \qquad D : \begin{cases} x^2 + y^2 + z^2 \leq 1 \\ y \geq 0 \end{cases}$

ヒント：図の点 $P(x, y, z)$ は中心 O，半径 r の球上にあり，$x^2 + y^2 + z^2 = r^2$ が成り立つ．また，$0 \leq \theta \leq \pi$ なので常に $\sin\theta \geq 0$ である．

A 問題解答

第1章 指数関数と対数関数

問題A (p.4)

1. (1) a^6 (2) a^8 (3) a^{-2} (4) a^{-7} (5) $a^{-4}b^6$ (6) $a^{\frac{7}{12}}$ (7) $a^{\frac{1}{6}}$ (8) $a^{-\frac{1}{2}}b^{\frac{1}{5}}$
(9) $a^{\frac{10}{3}}b^{\frac{1}{3}}$ (10) $a^{\frac{1}{4}}$ (11) $a^{-\frac{1}{4}}b^{-\frac{1}{6}}$ (12) $a^{-\frac{5}{12}}b^{-1}$

2. (1) 16 (2) $\dfrac{1}{27}$ (3) $\dfrac{1}{125}$ (4) 6 (5) $\dfrac{1}{64}$ (6) 27 (7) 1 (8) 2

3. (1) 4 (2) $\dfrac{1}{2}$ (3) $\dfrac{3}{2}$ (4) -5

4. (1) 2 (2) $\log_3 2$ (3) $\dfrac{3}{4}$ (4) 2 (5) $\dfrac{3}{2}$ (6) $\dfrac{5}{2}\log_2 3$ (7) $\dfrac{5}{6}$ (8) 6 (9) $4(\log_2 3)^2$
(10) $-\dfrac{1}{3}\log_2 3$

5. (1) $x = -5$ (2) $x = \dfrac{4}{3}$ (3) $x > \dfrac{3}{4}$ (4) $x \geq 2$ (5) $x = 10$ (6) $x < 3$

問題B (p.5)

1. (1) $\sqrt[5]{64}, \sqrt[4]{32}, \sqrt[3]{16}$ (2) $27^{-\frac{1}{2}}, \dfrac{1}{\sqrt[4]{3^5}}, \left(3^{\frac{1}{5}}\right)^{-6}$ (3) $\dfrac{1}{2}, -\log_2 \dfrac{2}{3}, \log_2 \sqrt{3}$
(4) $\dfrac{1}{2}\log_{\frac{1}{3}} 10, -1, -\log_{\frac{1}{3}} \dfrac{3}{8}$

2. (1) $x = 0, 1$ (2) $-2 < x < 0$ (3) $x = -\dfrac{\sqrt{2}}{2}$ (4) $x = \dfrac{5}{2}$ (5) $2 < x \leq 3$
(6) $-\dfrac{1}{2} < x < \dfrac{1}{2}$

3. (1) 9 (2) 15 (3) -21 (4) -16

第2章 三角関数

問題 A (p. 13)

1. (1) $-\dfrac{1}{2}$ (2) -1 (3) $-\dfrac{1}{\sqrt{3}}$ (4) $-\dfrac{1}{\sqrt{2}}$ (5) $\dfrac{\sqrt{3}}{2}$ (6) 1 (7) $\dfrac{\sqrt{6}+\sqrt{2}}{4}$
(8) $\dfrac{\sqrt{6}-\sqrt{2}}{4}$ (9) $2+\sqrt{3}$ (10) $-\dfrac{\pi}{6}$ (11) $\dfrac{2}{3}\pi$ (12) $-\dfrac{\pi}{3}$

2. (1) $x=\dfrac{7}{6}\pi, \dfrac{11}{6}\pi$ (2) $x=\dfrac{\pi}{6}, \dfrac{7}{6}\pi$ (3) $x=\dfrac{5}{6}\pi, \dfrac{7}{6}\pi$ (4) $0 \leq x < \dfrac{\pi}{4}, \dfrac{\pi}{2} < x < \dfrac{5}{4}\pi,$
$\dfrac{3}{2}\pi < x < 2\pi$ (5) $0 \leq x \leq \dfrac{\pi}{3}, \dfrac{5}{3}\pi \leq x < 2\pi$ (6) $0 \leq x < \dfrac{\pi}{3}, \dfrac{2}{3}\pi < x < 2\pi$

3. (1) $\sqrt{2}\sin\left(\theta+\dfrac{\pi}{4}\right)$ (2) $2\sin\left(\theta+\dfrac{\pi}{3}\right)$ (3) $2\sin\left(\theta-\dfrac{\pi}{6}\right)$ (4) $\sqrt{2}\sin\left(\theta+\dfrac{3}{4}\pi\right)$

4. (1) 2π (2) 4π (3) π (4) π

問題 B (p. 14)

1. (1) $\dfrac{\sqrt{2+\sqrt{2}}}{2}$ (2) $-\dfrac{\sqrt{2-\sqrt{2}}}{2}$ (3) $-1-\sqrt{2}$ (4) $\dfrac{\sqrt{6}}{2}$ (5) $\dfrac{2-\sqrt{3}}{4}$ (6) $-\sqrt{2}$
(7) $\dfrac{4}{5}$ (8) $\dfrac{2\sqrt{2}}{3}$ (9) $\dfrac{1}{\sqrt{5}}$ (10) $\dfrac{1}{\sqrt{15}}$

2. (1) $x=\dfrac{\pi}{6}, \dfrac{\pi}{2}, \dfrac{5}{6}\pi, \dfrac{3}{2}\pi$ (2) $x=0, \dfrac{2}{3}\pi, \dfrac{4}{3}\pi$ (3) $\dfrac{7}{6}\pi \leq x \leq \dfrac{11}{6}\pi$
(4) $0 < x < \dfrac{\pi}{4}, \pi < x < \dfrac{7}{4}\pi$ (5) $x=\pi, \dfrac{3}{2}\pi$ (6) $0 \leq x < \dfrac{7}{12}\pi, \dfrac{13}{12}\pi < x < 2\pi$

3. (1) $\sin\left(\dfrac{\pi}{2}-x\right)=\sin\dfrac{\pi}{2}\cos x-\cos\dfrac{\pi}{2}\sin x=\cos x$ (2) $\cos^{-1}x=y$ とおくと, $x=\cos y\ (0 \leq y \leq \pi)$ なので (1) より $x=\sin\left(\dfrac{\pi}{2}-y\right)$ であり, $-\dfrac{\pi}{2} \leq \dfrac{\pi}{2}-y \leq \dfrac{\pi}{2}$ より $\sin^{-1}x=\dfrac{\pi}{2}-y$ ∴ $\sin^{-1}x+\cos^{-1}x=\left(\dfrac{\pi}{2}-y\right)+y=\dfrac{\pi}{2}$

4. (1) $\cos^{-1}x=y$ とおくと, $x=\cos y\ (0 \leq y \leq \pi)$ より $\sin y \geq 0$ なので, $\sin y=\sqrt{1-\cos^2 y}=\sqrt{1-x^2}$ ∴ $\sin(\cos^{-1}x)=\sqrt{1-x^2}$ (2) $\sin^{-1}x=y$ とおくと, $x=\sin y$ $\left(-\dfrac{\pi}{2} \leq y \leq \dfrac{\pi}{2}\right)$ より $\cos y \geq 0$ なので, $\cos y=\sqrt{1-\sin^2 y}=\sqrt{1-x^2}$ ∴ $\cos(\sin^{-1}x)=\sqrt{1-x^2}$ (3) $\tan^{-1}x=y$ とおくと, $x=\tan y$ より $\cos^2 y=\dfrac{1}{1+\tan^2 y}=\dfrac{1}{1+x^2}$ ∴ $\cos^2(\tan^{-1}x)=\dfrac{1}{1+x^2}$ (4) $\sin^{-1}x=y$ とおくと, $x=\sin y$ より $\tan^2 y=\dfrac{1}{\cos^2 y}-1=\dfrac{1}{1-\sin^2 y}-1=\dfrac{1}{1-x^2}-1=\dfrac{x^2}{1-x^2}$ ∴ $\tan^2(\sin^{-1}x)=\dfrac{x^2}{1-x^2}$

第3章 微 分

問題 A (p. 25)

1. (1) $-\dfrac{1}{12}$ (2) $\dfrac{1}{3}$ (3) 0 (4) $\dfrac{19}{6}$ (5) -1 (6) 0 (7) $\dfrac{1}{2}$ (8) 3 (9) 1 (10) 0
(11) $-\infty$ (12) 2 (13) 2 (14) $\sqrt{2}$ (15) ∞ (16) $-\dfrac{\pi}{2}$

2. (1) $y = 2\sqrt{2}\,x - 2$ (2) $y = x + 1$ (3) $y = \dfrac{1}{\sqrt{2}}x + \dfrac{1}{\sqrt{2}}\left(1-\dfrac{\pi}{4}\right)$ (4) $y = 4x + \sqrt{3} - \dfrac{4}{3}\pi$

3. (1) $-25x^4 + 16x^3 - 9x^2 + 4x - 1$ (2) $-\dfrac{10}{x^{11}}$ (3) $2x - 2 + \dfrac{4}{x^2}$ (4) $(2x-3)(2x^2 - 6x + 3)$
(5) $-\dfrac{5(2x-3)}{(x^2 - 3x - 1)^2}$ (6) $(x^2 + 4x + 4)e^x$ (7) $-\dfrac{x^2}{e^x}$ (8) $\dfrac{x - \sin x \cos x}{x^2 \cos^2 x}$
(9) $\cos 2x$ (10) $-\dfrac{1}{1+\sin x}$ (11) $e^x\{(1+x)\sin x + x\cos x\}$ (12) $-\dfrac{x^2 + x + 1}{x^2 e^x}$

4. (1) $8x(x^2+1)^3$ (2) $-\dfrac{8x}{(x^2+1)^5}$ (3) $2x(x^2+x+1)(9x^2+x+2)$ (4) $-\dfrac{15(2x+3)^2}{(3x+2)^4}$
(5) $-2xe^{-x^2}$ (6) $(6x-2)\cos(3x^2-2x+1)$ (7) $\dfrac{2\sin x}{\cos^3 x}$ (8) $-\dfrac{1}{x^2 \cos^2 \frac{1}{x}}$
(9) $e^{\sin x}\cos x$ (10) $-e^x \sin e^x$ (11) $e^{2x}(2\sin 3x + 3\cos 3x)$ (12) $-\sin x \cos(\cos x)$
(13) $-8\sin 2x \cos^3 2x$ (14) $\sinh x$ (15) $\cosh x$ (16) $\dfrac{1}{\cosh^2 x}$

5. (1) $\dfrac{1}{2}x^{-\frac{1}{2}} - \dfrac{1}{2}x^{-\frac{3}{2}}$ (2) $\dfrac{5}{2}x^{\frac{3}{2}} - \dfrac{3}{2}x^{-\frac{1}{4}} - 4x^{-\frac{7}{3}} + \dfrac{2}{5}x^{-\frac{7}{5}}$
(3) $\dfrac{1}{2}(3x-1)(3x^2-2x+1)^{-\frac{3}{4}}$ (4) $\dfrac{3(x+\sqrt{x^2-1})^3}{\sqrt{x^2-1}}$ (5) $\dfrac{\cos\sqrt{x}}{2\sqrt{x}}$ (6) $-\dfrac{\sin x}{2\sqrt{\cos x}}$
(7) $\dfrac{2x}{x^2-1}$ (8) $\dfrac{x}{x^2+1}$ (9) $\dfrac{1}{2\sqrt{x(x+1)}}$ (10) $\dfrac{2\log x}{x}$ (11) $-2\tan x$
(12) $\dfrac{2(x+1)}{(x-1)(x^2+1)}$ (13) $\dfrac{1}{\sqrt{2-x^2}}$ (14) $-\dfrac{2x}{\sqrt{1-x^4}}$ (15) $\dfrac{1}{2\sqrt{x}(1+x)}$ (16) $\dfrac{2\sin^{-1} x}{\sqrt{1-x^2}}$

6. (1) $(a^x)' = (e^{x\log a})' = e^{x\log a}\log a = a^x \log a$ (2) $y = a^x$ とおき
$\log y = \log a^x = x\log a$ の両辺を x で微分すると $\dfrac{y'}{y} = \log a$ $\therefore y' = y\log a = a^x \log a$

7. (1) $\dfrac{x^{\sqrt{x}-\frac{1}{2}}}{2}(\log x + 2)$ (2) $\dfrac{x^{\frac{x}{2}}}{2}(\log x + 1)$ (3) $x^{\sin x}\left\{(\cos x)\log x + \dfrac{\sin x}{x}\right\}$
(4) $2xa^{x^2}\log a$ (5) $\dfrac{(11x+2)(2x-1)^4}{x^3(x+1)^4}$ (6) $\dfrac{(x+4)(x-1)^{-\frac{3}{2}}}{(x+1)^{\frac{5}{2}}}$

8. (1) 0 (2) $-\dfrac{1}{2}$ (3) 0 (4) 0 (5) $\dfrac{1}{6}$ (6) $\dfrac{1}{2}$ (7) 1 (8) $\dfrac{2}{3}$ (9) $\dfrac{1}{2}$ (10) ∞ (11) $-\pi$
(12) $2\sqrt{2}$

9. (1) $-\dfrac{10560}{(1+2x)^{13}}$ (2) $-\dfrac{10}{27}(1-x)^{-\frac{8}{3}}$ (3) $-\dfrac{15}{8}(1+x)^{-\frac{7}{2}}$ (4) $4x(3+2x^2)e^{x^2}$
(5) $\dfrac{2(1+2\sin^2 x)}{\cos^4 x}$ (6) $-\dfrac{4x(3+x^2)}{(1-x^2)^3}$ (7) $2e^{-x}(\sin x + \cos x)$ (8) $(1+2x^2)(1-x^2)^{-\frac{5}{2}}$

10. (1) $\dfrac{1}{(1+2x)^{10}} = 1 - 20x + 220x^2 - 1760x^3 + \cdots$
(2) $\sqrt[3]{1-x} = 1 - \dfrac{1}{3}x - \dfrac{1}{9}x^2 - \dfrac{5}{81}x^3 - \cdots$ (3) $\dfrac{1}{\sqrt{1+x}} = 1 - \dfrac{1}{2}x + \dfrac{3}{8}x^2 - \dfrac{5}{16}x^3 + \cdots$
(4) $e^{x^2} = 1 + x^2 + \cdots$ (5) $\tan x = x + \dfrac{1}{3}x^3 + \cdots$ (6) $\log(1-x^2) = -x^2 - \cdots$
(7) $e^{-x}\sin x = x - x^2 + \dfrac{1}{3}x^3 - \cdots$ (8) $\sin^{-1} x = x + \dfrac{1}{6}x^3 + \cdots$

11. (1) 0.905 (2) 0.997 (3) 0.999 (4) 1.012 (5) 0.011 (6) -0.002 (7) 0.163
(8) 0.050

12. (1) $-e^{-x} = -1 + \dfrac{1}{1!}x - \dfrac{1}{2!}x^2 + \dfrac{1}{3!}x^3 - \cdots + \dfrac{(-1)^{n+1}}{n!}x^n + \cdots$
(2) $\cos 3x = 1 - \dfrac{9}{2!}x^2 + \dfrac{81}{4!}x^4 - \cdots + \dfrac{(-1)^k 3^{2k}}{(2k)!}x^{2k} + \cdots$
(3) $x - \sin x = \dfrac{1}{3!}x^3 - \dfrac{1}{5!}x^5 + \cdots + \dfrac{(-1)^{k+1}}{(2k+1)!}x^{2k+1} + \cdots$
(4) $\log(1-2x) = -2x - 2x^2 - \dfrac{8}{3}x^3 - \cdots - \dfrac{2^n}{n}x^n - \cdots$

13. (1) 極大値 $\dfrac{125}{27}\left(x=-\dfrac{2}{3}\right)$, 極小値 0 (2) 極大値 -3 $(x=0)$, 極小値 $-\dfrac{25}{3}$
$(x=1)$, 変曲点 $\left(\dfrac{1}{6}, \dfrac{125}{54}\right)$ $(x=\pm 2)$, 変曲点 $\left(\pm\dfrac{2}{\sqrt{3}}, -\dfrac{161}{27}\right)$

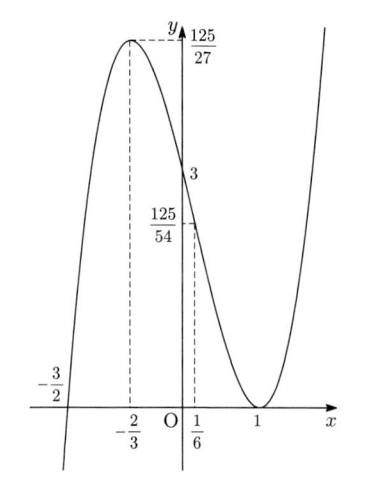

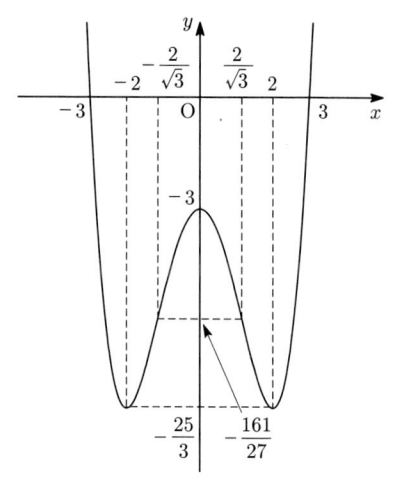

(3) 極大値 -2 $(x=-1)$, 極小値 2 $(x=1)$ (4) 極大値 1 $(x=0)$, 変曲点 $\left(\pm\dfrac{1}{\sqrt{3}},\dfrac{3}{4}\right)$

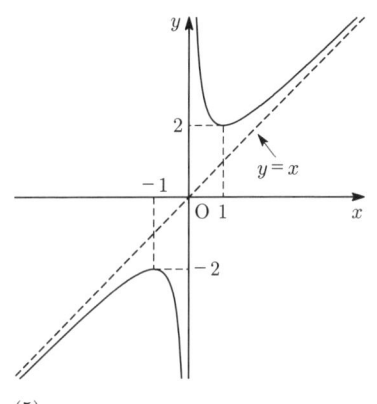

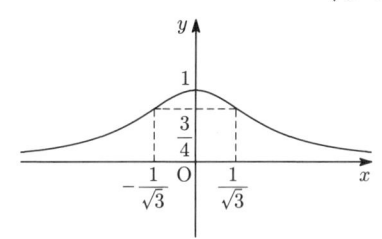

(5)

(6) 極大値 1 $(x=0)$ *4

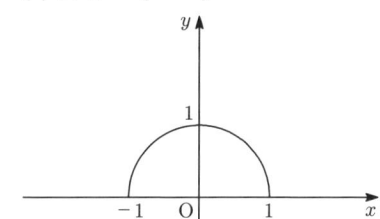

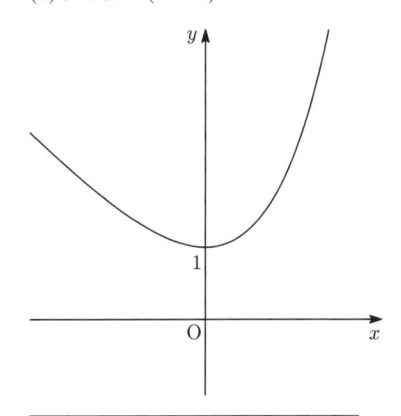

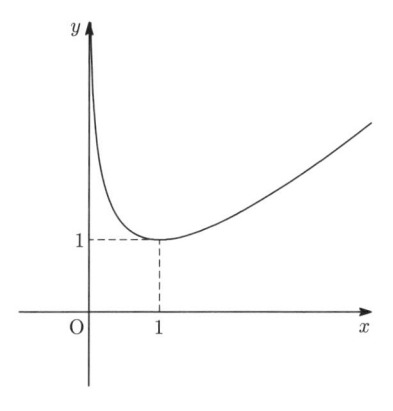

(7) 極小値 1 $(x=0)$

(8) 極小値 1 $(x=1)$

---

*4 (5), (6) は，$x=\pm 1$ のとき極小値 0 をとるが，定義域の境界における極値については記さないことにする ((9), 問題 B **7** (2), (7), (8) も同様)．

(9) 極大値 $\dfrac{\sqrt{3}}{2} - \dfrac{\pi}{6}$ $\left(x = -\dfrac{\pi}{3}\right)$, 極小値 $\dfrac{\pi}{6} - \dfrac{\sqrt{3}}{2}$ $\left(x = \dfrac{\pi}{3}\right)$, 変曲点 O

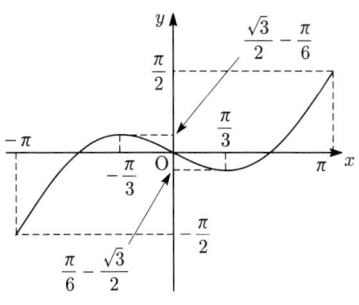

(10) 変曲点 O

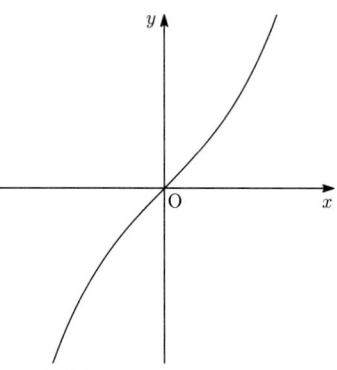

(11) 極小値 1 $(x = 0)$

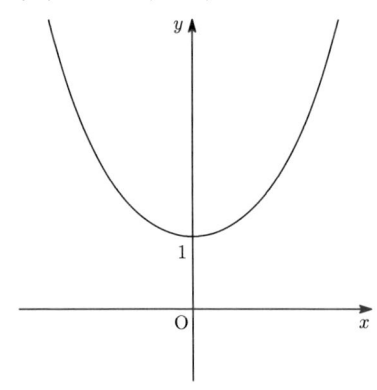

(12) 変曲点 O

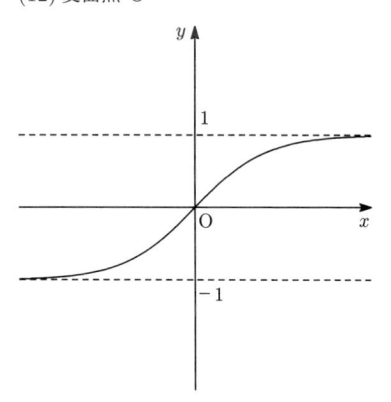

(13) 極小値 1 $\left(x = \dfrac{\pi}{2}\right)$

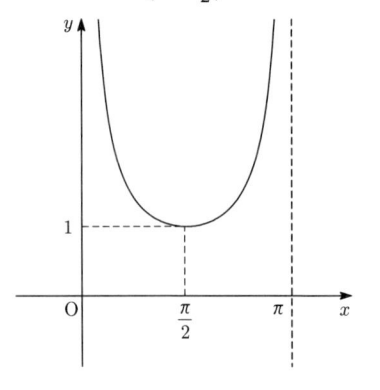

(14) 極小値 1 $(x = 0)$

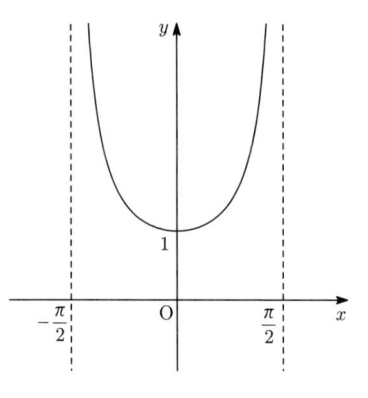

(15) 変曲点 $\left(\dfrac{\pi}{2}, 0\right)$

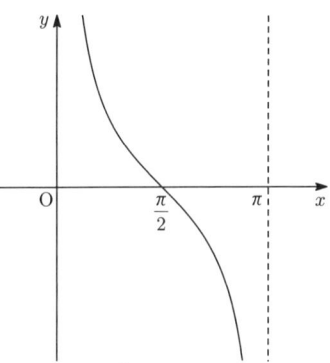

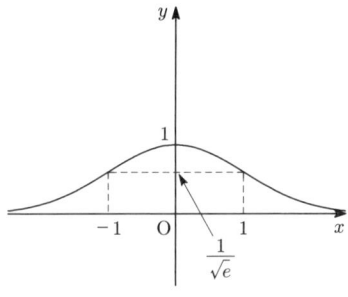

(16) 極大値 1 $(x=0)$, 変曲点 $\left(\pm 1, \dfrac{1}{\sqrt{e}}\right)$

(17) 極小値 $-\dfrac{1}{e}$ $(x=-1)$, 変曲点 $\left(-2, -\dfrac{2}{e^2}\right)$

(18) 極小値 e $(x=1)$

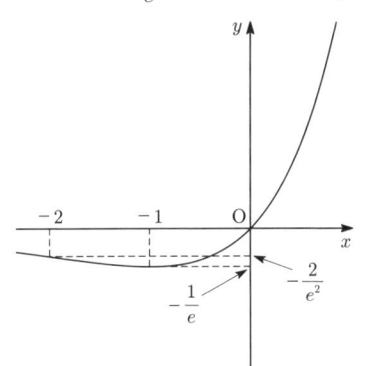

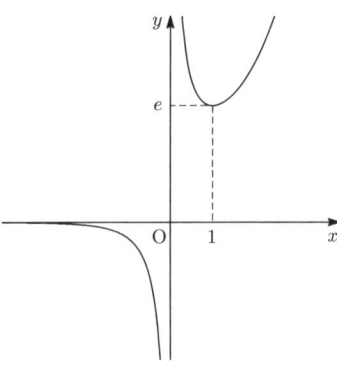

(19) 極小値 $-\dfrac{1}{e}$ $\left(x=\dfrac{1}{e}\right)$

(20) 極小値 e $(x=e)$, 変曲点 $\left(e^2, \dfrac{e^2}{2}\right)$

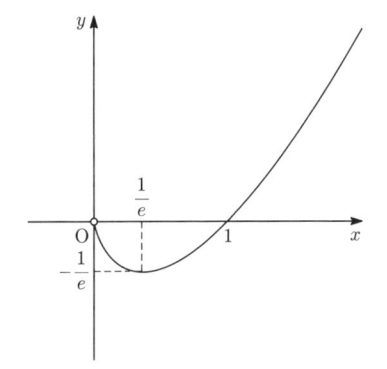

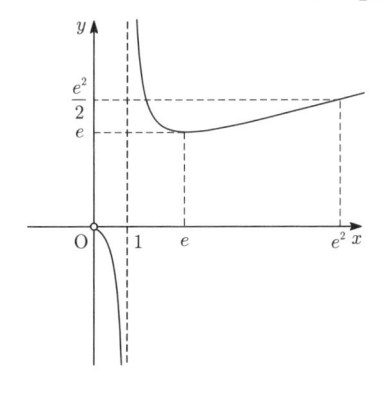

問題 B (p. 29)

1. (1) e^a (2) $\cos a$ (3) $e^{\frac{1}{2}}$ (4) e^3 (5) 1 (6) 1 (7) $\dfrac{3}{2}$ (8) $\log 2$

2. (1) $v(t_1) = -1,\ a(t_1) = -2$ (2) $v(t_1) = 2,\ a(t_1) = 8$ (3) $v(t_1) = \dfrac{1}{4},\ a(t_1) = -\dfrac{1}{32}$

(4) $v(t_1) = -\dfrac{\pi}{4},\ a(t_1) = -\dfrac{\sqrt{3}}{2}\pi^2$

3. $\dfrac{dy}{dx} = \dfrac{dy}{dt} \cdot \dfrac{dt}{dx} = \dfrac{dy}{dt} \cdot \dfrac{1}{\dfrac{dx}{dt}} = \dfrac{\dfrac{dy}{dt}}{\dfrac{dx}{dt}}$

4. (1) $f'(x) = -\dfrac{2}{(2x+1)^2},\ f''(x) = \dfrac{8}{(2x+1)^3},\ f'''(x) = -\dfrac{48}{(2x+1)^4},$

$f^{(n)}(x) = \dfrac{(-1)^n 2^n n!}{(2x+1)^{n+1}}$

(2) $f'(x) = -(2x+1)^{-\frac{3}{2}},\ f''(x) = 3(2x+1)^{-\frac{5}{2}},\ f'''(x) = -15(2x+1)^{-\frac{7}{2}},$

$f^{(n)}(x) = (-1)^n \, 3 \cdot 5 \cdots (2n-1)(2x+1)^{-\frac{2n+1}{2}}$

(3) $f'(x) = 2^x \log 2,\ f''(x) = 2^x (\log 2)^2,\ f'''(x) = 2^x (\log 2)^3,\ f^{(n)}(x) = 2^x (\log 2)^n$

(4) $f'(x) = \dfrac{1}{x},\ f''(x) = -\dfrac{1}{x^2},\ f'''(x) = \dfrac{2}{x^3},\ f^{(n)}(x) = \dfrac{(-1)^{n-1}(n-1)!}{x^n}$

(5) $f'(x)(= -3\sin 3x) = 3\cos\left(3x + \dfrac{\pi}{2}\right),\ f''(x)(= -9\cos 3x) = 9\cos(3x+\pi),$

$f'''(x)(= 27\sin 3x) = 27\cos\left(3x + \dfrac{3}{2}\pi\right),\ f^{(n)}(x) = 3^n \cos\left(3x + \dfrac{n}{2}\pi\right)$

(6) $f'(x)(= 2\sin x \cos x) = \sin 2x,\ f''(x)(= 2\cos 2x) = 2\sin\left(2x + \dfrac{\pi}{2}\right),$

$f'''(x)(= -4\sin 2x) = 4\sin(2x + \pi),\ f^{(n)}(x) = 2^{n-1} \sin\left(2x + \dfrac{n-1}{2}\pi\right)$

5. (1) $(x^2 + 2nx + n^2 - n)e^x$ (2) $(x \log 2 + n) 2^x (\log 2)^{n-1}$ (3) $\dfrac{(-1)^n (n-2)!}{x^{n-1}}$

(4) $3^{n-1}\left\{n \cos\left(3x + \dfrac{n-1}{2}\pi\right) + 3x \cos\left(3x + \dfrac{n}{2}\pi\right)\right\}$

6. (1) $e^x \left(= e^2 e^{x-2}\right) = e^2 + \dfrac{e^2}{1!}(x-2) + \dfrac{e^2}{2!}(x-2)^2 + \dfrac{e^2}{3!}(x-2)^3 + \cdots + \dfrac{e^2}{n!}(x-2)^n + \cdots$

(2) $\log x \left(= \log\{1 + (x-1)\}\right) = (x-1) - \dfrac{1}{2}(x-1)^2 + \dfrac{1}{3}(x-1)^3 - \cdots + \dfrac{(-1)^{n-1}}{n}(x-1)^n + \cdots$

(3) $\sin x \left(= \cos\left(x - \dfrac{\pi}{2}\right)\right) = 1 - \dfrac{1}{2!}\left(x - \dfrac{\pi}{2}\right)^2 + \dfrac{1}{4!}\left(x - \dfrac{\pi}{2}\right)^4 - \cdots + \dfrac{(-1)^k}{(2k)!}\left(x - \dfrac{\pi}{2}\right)^{2k} + \cdots$

(4) $\cos \pi x \left(= -\sin\left\{\pi\left(x - \dfrac{1}{2}\right)\right\}\right) = -\pi\left(x - \dfrac{1}{2}\right) + \dfrac{\pi^3}{3!}\left(x - \dfrac{1}{2}\right)^3 - \dfrac{\pi^5}{5!}\left(x - \dfrac{1}{2}\right)^5 + \cdots$

$+ \dfrac{(-1)^{k+1} \pi^{2k+1}}{(2k+1)!}\left(x - \dfrac{1}{2}\right)^{2k+1} + \cdots$

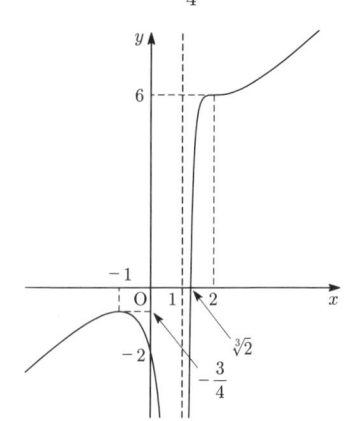

7. (1) 極大値 $-\dfrac{3}{4}$ $(x=-1)$, 変曲点 $(2,6)$ (2) 極大値 $\dfrac{1}{2}$ $\left(x=\dfrac{1}{\sqrt{2}}\right)$, 極小値 $-\dfrac{1}{2}$ $\left(x=-\dfrac{1}{\sqrt{2}}\right)$, 変曲点 O

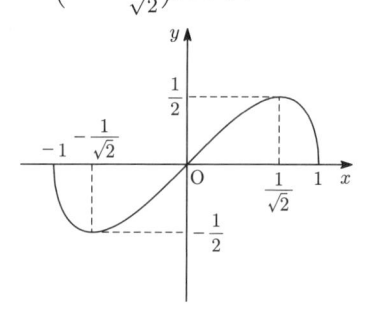

(3) 変曲点 $\left(1,\dfrac{2}{e}\right), \left(3,\dfrac{10}{e^3}\right)$

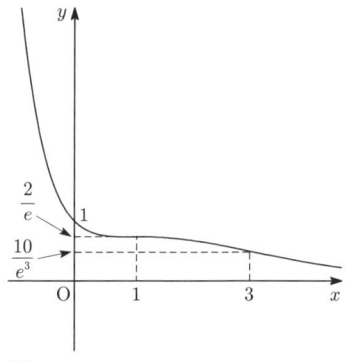

(4) 極小値 e $(x=1)$

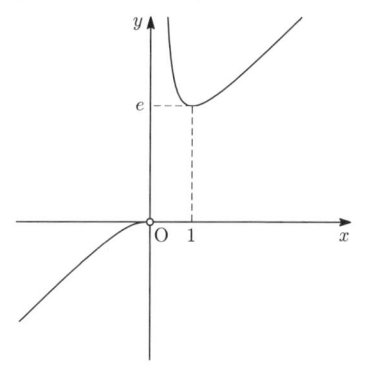

(5)

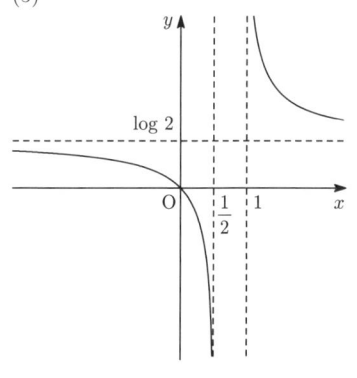

(6) 極小値 0 $(x=1)$, 変曲点 $(e,1)$

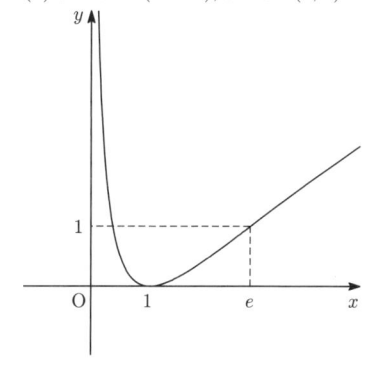

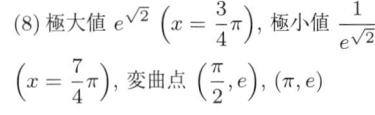

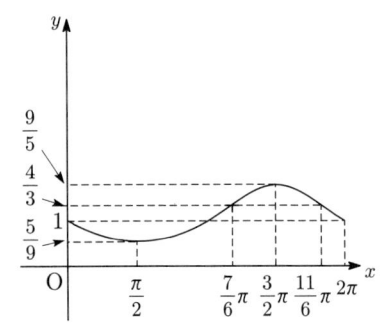

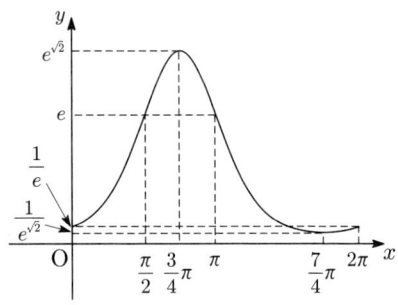

(7) 極大値 $\dfrac{9}{5}$ $\left(x=\dfrac{3}{2}\pi\right)$, 極小値 $\dfrac{5}{9}$ $\left(x=\dfrac{\pi}{2}\right)$, 変曲点 $\left(\dfrac{7}{6}\pi, \dfrac{4}{3}\right)$, $\left(\dfrac{11}{6}\pi, \dfrac{4}{3}\right)$

(8) 極大値 $e^{\sqrt{2}}$ $\left(x=\dfrac{3}{4}\pi\right)$, 極小値 $\dfrac{1}{e^{\sqrt{2}}}$ $\left(x=\dfrac{7}{4}\pi\right)$, 変曲点 $\left(\dfrac{\pi}{2}, e\right)$, (π, e)

8. (1) 最大値 7 $(x=2)$, 最小値 -10 $(x=3)$

(2) 最大値 1 $(x=1)$, 最小値 $-\sqrt{2}$ $\left(x=-\dfrac{1}{\sqrt{2}}\right)$

(3) 最大値 4 $\left(x=\dfrac{\pi}{6}, \dfrac{6}{5}\pi\right)$, 最小値 $2\sqrt{3}$ $\left(x=\dfrac{\pi}{3}, \dfrac{2}{3}\pi\right)$

(4) 最大値 $\dfrac{1}{e}$ $(x=\pm\sqrt{e-1})$, 最小値 0 $(x=0)$

第4章 積　分

問題A (p. 41)

1. (1) $x^2 - x + C$　(2) $\dfrac{1}{3}x^3 - \dfrac{5}{2}x^2 + x + C$　(3) $\dfrac{1}{2}x^4 - x^3 + 2x^2 - 5x + C$

(4) $\dfrac{1}{2}x^4 + \dfrac{2}{3}x^3 - \dfrac{1}{2}x^2 - x + C$　(5) $-\dfrac{1}{9x^9} + C$　(6) $-\dfrac{5}{2x^2} + \dfrac{4}{x} + 3\log|x| - 2x + C$

(7) $\dfrac{1}{3}x^3 - x^2 + 3x - 4\log|x| + C$　(8) $\dfrac{2}{3}\sqrt{x^3} + 2\sqrt{x} + C$

(9) $\dfrac{1}{4}x^4 + \dfrac{3}{2}x^2 + 3\log|x| - \dfrac{1}{2x^2} + C$　(10) $\dfrac{4}{7}x^{\frac{7}{2}} - 9x^{-\frac{1}{3}} + C$　(11) $3\log|x| + \dfrac{2}{\sqrt{x}} - \dfrac{2}{x} + C$

(12) $\dfrac{6}{7}x^{\frac{7}{6}} - 4x^{\frac{3}{4}} - 10x^{\frac{1}{2}} + C$　(13) $e^{x+3} + C$　(14) $e^x - \dfrac{1}{2}x^4 + 3x + C$

(15) $-2\cos x + 3\sin x + C$　(16) $\tan x - \sin x + C$

2. (1) $xe^x - e^x + C$　(2) $-x\cos x + \sin x + C$　(3) $(x+1)\sin x + \cos x + C$　(4) $\dfrac{1}{\cos x} + C$

(5) $(x^2 - 5x + 5)e^x + C$　(6) $(x+2)\log(x+2) - x + C$　(7) $(x^2 - x)\log x - \dfrac{1}{2}x^2 + x + C$

(8) $\dfrac{1}{2}x^2 \log 2x - \dfrac{1}{4}x^2 + C$ (9) $\dfrac{2}{3}x^{\frac{3}{2}}\log x - \dfrac{4}{9}x^{\frac{3}{2}} + C$ (10) $\dfrac{e^x}{2}(\cos x + \sin x) + C$

3. (1) $\dfrac{1}{18}(3x+4)^6 + C$ (2) $-\dfrac{1}{12(3x+4)^4} + C$ (3) $\dfrac{1}{3}\log|3x+4| + C$ (4) $\dfrac{2}{9}(3x+4)^{\frac{3}{2}} + C$

(5) $\dfrac{1}{2}e^{2x} + C$ (6) $-e^{-x+2} + C$ (7) $-2e^{-\frac{x}{2}} + C$ (8) $-\dfrac{1}{2}\cos 2x + C$ (9) $\dfrac{1}{2}\sin 2x + C$

(10) $-\dfrac{1}{5}\cos(5x-2) + C$ (11) $-3\sin\left(\dfrac{1}{2} - \dfrac{x}{3}\right) + C$ (12) $\dfrac{1}{4}\tan 4x + C$ (13) $\sinh x + C$

(14) $\cosh x + C$

4. (1) $\dfrac{1}{14}(x^2+1)^7 + C$ (2) $-\dfrac{1}{15(x^3-2)^5} + C$ (3) $-\dfrac{1}{3}(1-x^2)^{\frac{3}{2}} + C$ (4) $-\sqrt{1-x^2} + C$

(5) $\dfrac{1}{2}e^{x^2} + C$ (6) $\dfrac{1}{3}(e^x+1)^3 + C$ (7) $\dfrac{1}{2}(x^2-2x)\{\log(x^2-2x) - 1\} + C$ (8) $\dfrac{1}{2}(\log x)^2 + C$

(9) $\dfrac{1}{3}\sin^3 x + C$ (10) $\dfrac{1}{2}\tan^2 x + C$ (11) $\dfrac{1}{2}\log|x^2-6x| + C$ (12) $2\log(1+\sqrt{x}) + C$

(13) $\log|e^x - 2| + C$ (14) $\log|\log x| + C$ (15) $-\log(1-\cos x) + C$ (16) $\log|\sin x| + C$

5. (1) $2x - 3\log|x+1| + C$ (2) $\dfrac{1}{2}x^2 + x + 2\log|x-1| + C$ (3) $\dfrac{1}{3}(\log|x| - \log|x+3|) + C$

(4) $x + \log|x-1| - \log|x+1| + C$ (5) $\dfrac{1}{5}(6\log|x-4| - \log|x+1|) + C$

(6) $x + \dfrac{1}{3}(25\log|x-5| - 4\log|x-2|) + C$ (7) $\log|x-1| - \dfrac{1}{x-1} + C$

(8) $\dfrac{1}{25}\left(\log|x-2| - \log|x+3| + \dfrac{5}{x+3}\right) + C$ (9) $\dfrac{1}{12}\left(4\log|x+2| - \log|2x+1| + \dfrac{3}{2x+1}\right) + C$

(10) $4(\log|2x-1| - \log|x-1|) - \dfrac{3}{x-1} + C$ (11) $\dfrac{1}{2}\left(\log|x+1| - \dfrac{1}{2}\log(x^2+1) + \tan^{-1} x\right) + C$

(12) $-\log|x| + \dfrac{1}{2}\log(x^2+1) + \tan^{-1} x + C$

6. (1) $\dfrac{1}{4}(2x - \sin 2x) + C$ (2) $-\dfrac{1}{4}\cos 2x + C$ (3) $\dfrac{1}{10}(\sin 5x + 5\sin x) + C$

(4) $-\dfrac{1}{24}(2\cos 6x + 3\cos 4x) + C$ (5) $-\dfrac{3}{5}\left(\sin\dfrac{5}{6}x - 5\sin\dfrac{1}{6}x\right) + C$

(6) $\dfrac{1}{12}\{6x + \sin(6x-4)\} + C$ (7) $-\dfrac{1}{\tan x} + C$ (8) $\log\left|\tan\dfrac{x}{2} + 1\right| - \log\left|\tan\dfrac{x}{2} - 1\right| + C$

(9) $\dfrac{2}{1 - \tan\frac{x}{2}} + C$ (10) $-\log\left|\tan^2\dfrac{x}{2} - 1\right| + C$

7. (1) $\dfrac{2}{15}(3x-7)(x+1)^{\frac{3}{2}} + C$ (2) $2(\sqrt{2x-1} - \tan^{-1}\sqrt{2x-1}) + C$

(3) $\dfrac{2}{3}(4-x)\sqrt{1-x} + C$ (4) $2\sqrt{x} - 2\log(\sqrt{x}+1) + C$

(5) $\dfrac{2}{3}(x+10)\sqrt{x+1} + 6\log|\sqrt{x+1} - 2| - 6\log(\sqrt{x+1} + 2) + C$ (6) $2\sqrt{x} + 4\log|\sqrt{x} - 1| + C$

(7) $\sin^{-1}\dfrac{x}{\sqrt{2}} + \dfrac{x}{2}\sqrt{2-x^2} + C$ (8) $\sin^{-1}\dfrac{x}{\sqrt{2}} + C$ (9) $\sin^{-1}x - \sqrt{1-x^2} + C$

(10) $\log|x+\sqrt{x^2+1}-1| - \log|x+\sqrt{x^2+1}+1| + C$ (または $\log|x| - \log(\sqrt{x^2+1}+1) + C$)

(11) $\log|x+\sqrt{x^2-1}| + C$ (12) $\dfrac{1}{2}(x\sqrt{x^2-1} - \log|x+\sqrt{x^2-1}|) + C$

8. (1) $\dfrac{7}{12}$ (2) $-\dfrac{78}{5}$ (3) $\dfrac{2}{3}e^{\frac{3}{2}} + \dfrac{1}{3}$ (4) $1 - \log 2$ (5) $-\dfrac{4}{3}$ (6) $-e$

(7) $e^2 - e - 1 + \dfrac{1}{e}$ (8) $\dfrac{1}{\sqrt{2}}$ (9) $\dfrac{5}{2}$

9. $\displaystyle\int_\alpha^\beta (x-\alpha)(x-\beta)\,dx = \left[\dfrac{1}{2}(x-\alpha)^2(x-\beta)\right]_\alpha^\beta - \dfrac{1}{2}\int_\alpha^\beta (x-\alpha)^2\,dx$

$\qquad = 0 - \dfrac{1}{2}\left[\dfrac{1}{3}(x-\alpha)^3\right]_\alpha^\beta = -\dfrac{1}{6}(\beta-\alpha)^3$

10. (1) $1 - \dfrac{2}{e}$ (2) $-\dfrac{243}{20}$ (3) 1 (4) $\log 2$ (5) $\dfrac{\pi}{4} - \dfrac{1}{4}$ (6) $e^{\frac{\pi}{2}}$ (7) $\dfrac{\pi}{\sqrt{3}} - \log 2$

(8) $1 - \dfrac{1}{\sqrt{2}} - \dfrac{\pi}{4\sqrt{2}}$

11. (1) $\dfrac{3\sqrt{3}}{\pi}$ (2) $-\dfrac{182}{3}$ (3) $\dfrac{363}{80}$ (4) $\dfrac{\sqrt{3}}{2} - \dfrac{1}{2}$ (5) $\dfrac{1}{2e} - \dfrac{1}{2}$ (6) $\dfrac{3}{2}$ (7) $\dfrac{2}{3}\log 2$

(8) $\log 2$

12. (1) $\log\dfrac{4}{3}$ (2) $\dfrac{1}{3}\log\dfrac{27}{32}$ (3) $\dfrac{1}{2}\log 3 - \dfrac{1}{4}\log 5 - \dfrac{1}{15}$ (4) $-\dfrac{\pi}{8} - \dfrac{1}{4}\log 2$ (5) $\dfrac{1}{4} + \dfrac{\pi}{8}$

(6) $-\dfrac{\sqrt{3}}{4}$ (7) $\dfrac{1}{2}\log 3$ (8) 2 (9) $2 - \dfrac{\pi}{2}$ (10) $4 - 4\log 2$ (11) $\dfrac{\sqrt{3}}{2} + \dfrac{\pi}{3}$ (12) $1 + \dfrac{3}{4}\log 3$

(13) $\log(\sqrt{2}+\sqrt{3})$ (14) $\dfrac{\pi}{4} - \dfrac{\sqrt{3}}{8}$

13. (1) $\dfrac{32}{3}$ (2) $\dfrac{125}{24}$ (3) $\dfrac{32}{27}$ (4) $\dfrac{125}{96}$ (5) $\dfrac{27}{4}$ (6) $\dfrac{4}{3}$ (7) $\dfrac{1}{6}$ (8) $2\sqrt{2}$ (9) π

(10) $\dfrac{\pi}{\sqrt{2}}$

14. (1) $\dfrac{\pi}{3}$ (2) $\dfrac{16}{15}\pi$ (3) $\dfrac{\pi^2}{2}$ (4) 2π (5) $\dfrac{8\sqrt{2}}{3}\pi$ (6) $\dfrac{4\sqrt{2}}{3}\pi$

15. (1) $\dfrac{5}{2}$ (2) $\sqrt{2} + \log(1+\sqrt{2})$ (3) $\dfrac{19}{27}$ (4) $\sqrt{2}\,\pi$ (5) $\log 3 - \dfrac{1}{2}$ (6) $\dfrac{e}{2} - \dfrac{1}{2e}$

問題 B (p. 46)

1. (1) $\dfrac{a^x}{\log a} + C$ (2) $x(\log x)^2 - 2x\log x + 2x + C$ (3) $-\dfrac{\log x}{x} - \dfrac{1}{x} + C$

(4) $2\sqrt{x}\log x - 4\sqrt{x} + C$ (5) $-\dfrac{1}{\log x} + C$ (6) $-\dfrac{1}{\sin x} + C$ (7) $2\sqrt{\log x} + C$

(8) $2\sqrt{\sin x} + C$ (9) $\dfrac{1}{16}\sin^{-1}2x - \dfrac{x}{8}\sqrt{1-4x^2} + C$

問題解答（第4章 積分）

(10) $\dfrac{x}{8}\sqrt{4x^2-1} + \dfrac{1}{16}\log(2x+\sqrt{4x^2-1}) + C$ (11) $-x - \dfrac{4}{1+\tan\frac{x}{2}} + C$

(12) $x\tan x + \log|\cos x| + C$ (13) $\sin x - \dfrac{1}{3}\sin^3 x + C$ (14) $\dfrac{3}{8}x - \dfrac{3}{16}\sin 2x - \dfrac{1}{4}\sin^3 x\cos x + C$

(15) $x\sin^{-1}2x + \dfrac{1}{2}\sqrt{1-4x^2} + C$ (16) $\dfrac{x^2+1}{2}\tan^{-1}x - \dfrac{x}{2} + C$

2. (1) $\displaystyle\int \tan^2 x\,dx = \int\left(\dfrac{1}{\cos^2 x} - 1\right)dx = \tan x - x + C,$

$\displaystyle\int \tan^3 x\,dx = \int\left(\dfrac{\tan x}{\cos^2 x} - \tan x\right)dx = \dfrac{1}{2}\tan^2 x + \log|\cos x| + C$

(2) $\displaystyle\int \dfrac{1}{\tan^2 x}\,dx = \int\left(\dfrac{1}{\sin^2 x} - 1\right)dx = -\dfrac{1}{\tan x} - x + C,$

$\displaystyle\int \dfrac{1}{\tan^3 x}\,dx = \int\left(\dfrac{1}{\tan x\sin^2 x} - \dfrac{1}{\tan x}\right)dx = -\dfrac{1}{2\tan^2 x} - \log|\sin x| + C$

3. (1) $\dfrac{1}{2\sqrt{2}}(\log|x-\sqrt{2}| - \log|x+\sqrt{2}|) + C$ (2) $\dfrac{1}{2\sqrt{2}}(\log|\sqrt{2}x-1| - \log|\sqrt{2}x+1|) + C$

(3) $\log|x| - \dfrac{1}{\sqrt{2}}\tan^{-1}\dfrac{x}{\sqrt{2}} + C$ (4) $\log|x| - \dfrac{1}{\sqrt{2}}\tan^{-1}\sqrt{2}x + C$

(5) $\dfrac{1}{12}\left(4\log|x+2| - \log|2x+1| + \dfrac{3}{2x+1}\right) + C$

(6) $4(\log|2x-1| - \log|x-1|) - \dfrac{3}{x-1} + C$ (7) $-\log|x| + \dfrac{1}{2}(\log|x-1| + \log|x+1|) + C$

(8) $\dfrac{1}{4}(\log|x-1| - \log|x+1| - 2\tan^{-1}x) + C$ (9) $\dfrac{1}{2}(\log|x-1| - \log|x+1|) + \dfrac{1}{x} + C$

(10) $-\dfrac{1}{x} - \tan^{-1}x + C$ (11) $-\dfrac{1}{2}(2\log|x| - 3\log|x-1| + \log|x+1|) + \dfrac{1}{x+1} + C$

(12) $\log|x+1| + \dfrac{2}{x+1} + \tan^{-1}x + C$

4. (1) $A = \dfrac{1}{3},\ B = -\dfrac{1}{3},\ C = \dfrac{2}{3}$ (2) $\dfrac{2}{\sqrt{3}}\tan^{-1}\dfrac{2x-1}{\sqrt{3}} + C$

(3) $\dfrac{1}{6}\{2\log|x+1| - \log(x^2-x+1)\} + \dfrac{1}{\sqrt{3}}\tan^{-1}\dfrac{2x-1}{\sqrt{3}} + C$

(4) $\dfrac{1}{6}\{2\log|x-1| - \log(x^2+x+1)\} - \dfrac{1}{\sqrt{3}}\tan^{-1}\dfrac{2x+1}{\sqrt{3}} + C$

5. (1) $x - \log(1+e^x) + C$ (2) $\dfrac{1}{3}(\log x)^3 + \dfrac{1}{2}(\log x)^2 + C$ (3) $2\log(\sqrt{x}+\sqrt{x-1}) + C$

(4) $(x-1)\left\{\dfrac{3}{5}(x-1)^{\frac{2}{3}} - \dfrac{3}{4}(x-1)^{\frac{1}{3}} + 1\right\} + C$ (5) $\log|x| - \log(\sqrt{1+x^2}+1) + C$

(6) $-\dfrac{\sqrt{1+x^2}}{x} + C$ (7) $\dfrac{1-2x^2}{x\sqrt{x^2-1}} + C$ (8) $\tan^{-1}(\sin x) + C$

(9) $\cos x - 2\tan^{-1}(\cos x) + C$ (10) $\dfrac{3}{\sqrt{2}}\tan^{-1}\dfrac{\tan x}{\sqrt{2}} - x + C$

問題解答（第 4 章 積分）

6. (1) $v(t_1) = -\dfrac{5}{6}$, $x(t_1) = \dfrac{1}{12}$　(2) $v(t_1) = \dfrac{1}{2}\log 2$, $x(t_1) = -\dfrac{1}{8}\log 2$
(3) $v(t_1) = 15\sqrt{3}$, $x(t_1) = \dfrac{322\sqrt{3}}{5}$　(4) $v(t_1) = \dfrac{7}{16\pi}$, $x(t_1) = -\dfrac{\sqrt{3}}{32\pi^2}$

7. (1) $\dfrac{53}{24}$　(2) 2　(3) $\dfrac{8\sqrt{2}}{3}$　(4) $\dfrac{3-\sqrt{3}}{2}$

8. $f(x)$ の不定積分の 1 つを $F(x)$ とすると，
$$\dfrac{d}{dx}\int_a^x f(t)\,dt = \dfrac{d}{dx}\bigl[F(t)\bigr]_a^x = \dfrac{d}{dx}(F(x)-F(a)) = F'(x) = f(x)$$
(1) $\dfrac{4}{3}x^3 - 2x$　(2) $(2x-1)\log x - x + 1$　(3) $-\cos 2x - \cos x$　(4) $2e^x(1-e^x)$

9. (1) $m \neq n$ のとき
$$\int_0^{2\pi} \sin mx \sin nx\, dx = -\dfrac{1}{2}\int_0^{2\pi}\{\cos(m+n)x - \cos(m-n)x\}\,dx$$
$$= -\dfrac{1}{2}\left[\dfrac{1}{m+n}\sin(m+n)x - \dfrac{1}{m-n}\sin(m-n)x\right]_0^{2\pi} = 0;$$
$m = n$ のとき
$$\int_0^{2\pi}\sin mx \sin nx\,dx = \int_0^{2\pi}\sin^2 nx\,dx = \int_0^{2\pi}\dfrac{1-\cos 2nx}{2}\,dx = \dfrac{1}{2}\left[x - \dfrac{1}{2n}\sin 2nx\right]_0^{2\pi} = \pi$$
(2), (3) (1) と同様に，$m \neq n$ のときは和と積の公式【積→和】（p. 11）を使って，$m = n$ のときは (2) は半角の公式（p. 10）を，(3) は 2 倍角の公式（p. 10）を使って変形してから積分することによって示される（p. 36 参照）

10. (1) $\dfrac{dx}{d\theta} = a(1-\cos\theta)$,

x	$0 \longrightarrow 2\pi a$
θ	$0 \longrightarrow 2\pi$

より，
$$S = \int_0^{2\pi a} y\,dx = a^2 \int_0^{2\pi}(1-\cos\theta)^2\,d\theta = 3\pi a^2$$
(2) $V = \pi \int_0^{2\pi a} y^2\,dx = \pi a^3 \int_0^{2\pi}(1-\cos\theta)^3\,d\theta = 5\pi^2 a^3$
(3) $\dfrac{dy}{dx} = \dfrac{\sin\theta}{1-\cos\theta}$ より，
$$l = \int_0^{2\pi a}\sqrt{1+\left(\dfrac{dy}{dx}\right)^2}\,dx = a\int_0^{2\pi}\sqrt{1+\left(\dfrac{\sin\theta}{1-\cos\theta}\right)^2}(1-\cos\theta)\,d\theta$$
$$= \sqrt{2}\,a\int_0^{2\pi}\sqrt{1-\cos\theta}\,d\theta = 2a\int_0^{2\pi}\sin\dfrac{\theta}{2}\,d\theta = 8a$$

11. (1) $\dfrac{dx}{d\theta} = -3a\cos^2\theta\sin\theta$ で, $y > 0$ のとき $\begin{array}{c|ccc} x & 0 & \longrightarrow & a \\ \hline \theta & \dfrac{\pi}{2} & \longrightarrow & 0 \end{array}$ より,

$$S = 4\int_0^a y\,dx = -12a^2\int_{\frac{\pi}{2}}^0 (1-\sin^2\theta)\sin^4\theta\,d\theta = \dfrac{3}{8}\pi a^2$$

(2) $V = 2\pi\int_0^a y^2\,dx = -6\pi a^3\int_{\frac{\pi}{2}}^0 (1-\sin^2\theta)\sin^7\theta\,d\theta = \dfrac{32}{105}\pi a^3$

(3) $\dfrac{dy}{dx} = -\tan\theta$ より,

$$l = 4\int_0^a \sqrt{1+\left(\dfrac{dy}{dx}\right)^2}\,dx = -12a\int_{\frac{\pi}{2}}^0 \sqrt{1+\tan^2\theta}\,\cos^2\theta\sin\theta\,d\theta$$
$$= 12a\int_0^{\frac{\pi}{2}} \cos\theta\sin\theta\,d\theta = 6a$$

12. (1) 1 (2) $\dfrac{1}{2}$ (3) ∞ (4) 2 (5) 2 (6) $\dfrac{\pi}{4}$ (7) $\dfrac{1}{2}\log 3$ (8) $\dfrac{1}{2}\log 2$ (9) 1 (10) 1

13. $\alpha \ne 1$ のとき $\displaystyle\int_1^\infty \dfrac{1}{x^\alpha}\,dx = \lim_{b\to\infty}\left[\dfrac{1}{1-\alpha}x^{1-\alpha}\right]_1^b = \dfrac{1}{1-\alpha}\lim_{b\to\infty}(b^{1-\alpha}-1)$

$= \begin{cases} \dfrac{1}{\alpha-1} & (\alpha > 1) \\ \infty & (0 < \alpha < 1) \end{cases}$; $\alpha = 1$ のとき $\displaystyle\int_1^\infty \dfrac{1}{x}\,dx = \lim_{b\to\infty}\left[\log|x|\right]_1^b = \lim_{b\to\infty}\log b = \infty$

14. $\alpha \ne 1$ のとき

$\displaystyle\int_0^1 \dfrac{1}{x^\alpha}\,dx = \lim_{a\to +0}\left[\dfrac{1}{1-\alpha}x^{1-\alpha}\right]_a^1 = \dfrac{1}{1-\alpha}\lim_{a\to +0}(1-a^{1-\alpha}) = \begin{cases} \infty & (\alpha > 1) \\ \dfrac{1}{1-\alpha} & (0 < \alpha < 1) \end{cases}$;

$\alpha = 1$ のとき $\displaystyle\int_0^1 \dfrac{1}{x}\,dx = \lim_{a\to +0}\left[\log|x|\right]_a^1 = \lim_{a\to +0}(-\log a) = \lim_{a\to +0}\log\dfrac{1}{a} = \infty$

第5章 偏微分

問題A (p.59)

1. (1) $f_x(a,b) = -1,\ f_y(a,b) = 1$ (2) $f_x(a,b) = f_y(a,b) = e$
(3) $f_x(a,b) = \dfrac{1}{\sqrt{2}},\ f_y(a,b) = -\dfrac{1}{\sqrt{2}}$ (4) $f_x(a,b) = \sqrt{3},\ f_y(a,b) = 4$

2. (1) $f_x(x,y) = 2,\ f_y(x,y) = 3$ (2) $f_x(x,y) = 6x+2y,\ f_y(x,y) = 2x-2y$
(3) $f_x(x,y) = -\dfrac{y}{x^2},\ f_y(x,y) = \dfrac{1}{x}$ (4) $f_x(x,y) = -\dfrac{2y}{(1+xy)^2},\ f_y(x,y) = -\dfrac{2x}{(1+xy)^2}$
(5) $f_x(x,y) = 2xy^3,\ f_y(x,y) = 3x^2y^2$ (6) $f_x(x,y) = -\dfrac{2}{x^3y^3},\ f_y(x,y) = -\dfrac{3}{x^2y^4}$

(7) $f_x(x,y) = \dfrac{\sqrt{y}}{2\sqrt{x}}$, $f_y(x,y) = \dfrac{\sqrt{x}}{2\sqrt{y}}$ (8) $f_x(x,y) = -\dfrac{\sqrt{y}}{2x\sqrt{x}}$, $f_y(x,y) = \dfrac{1}{2\sqrt{xy}}$

(9) $f_x(x,y) = 2x(x-3y)(2x-3y)$, $f_y(x,y) = -2(3x^3 - 9x^2 y + 2y^3)$

(10) $f_x(x,y) = -\dfrac{2y^2(2x-3y)}{(x^2 - 3xy - y^2)^2}$, $f_y(x,y) = \dfrac{2xy(2x-3y)}{(x^2 - 3xy - y^2)^2}$

(11) $f_x(x,y) = (x^2 + 2x - y^2)e^x$, $f_y(x,y) = -2ye^x$

(12) $f_x(x,y) = y^x \log y$, $f_y(x,y) = xy^{x-1}$

(13) $f_x(x,y) = \dfrac{2x}{\log y}$, $f_y(x,y) = -\dfrac{x^2 + y^2(2\log y - 1)}{y(\log y)^2}$

(14) $f_x(x,y) = \cos x \cos y$, $f_y(x,y) = -\sin x \sin y$

(15) $f_x(x,y) = \dfrac{y(\sin x - x\cos x + \cos y)}{(\sin x + \cos y)^2}$, $f_y(x,y) = \dfrac{x(\sin x + y\sin y + \cos y)}{(\sin x + \cos y)^2}$

3. (1) $f_x(x,y) = 8x(x^2 + y^3)^3$, $f_y(x,y) = 12y^2(x^2 + y^3)^3$

(2) $f_x(x,y) = -\dfrac{8x}{(x^2 + y^3)^5}$, $f_y(x,y) = -\dfrac{12y^2}{(x^2 + y^3)^5}$

(3) $f_x(x,y) = \dfrac{3x - 2y}{2\sqrt{x-2y}}$, $f_y(x,y) = \dfrac{x - 6y}{\sqrt{x-2y}}$

(4) $f_x(x,y) = -\dfrac{15y(2x+3y)^2}{(3x+2y)^4}$, $f_y(x,y) = \dfrac{15x(2x+3y)^2}{(3x+2y)^4}$

(5) $f_x(x,y) = -2xe^{-x^2+y^2}$, $f_y(x,y) = 2ye^{-x^2+y^2}$

(6) $f_x(x,y) = (y+1)e^{xy+x}$, $f_y(x,y) = xe^{xy+x}$

(7) $f_x(x,y) = \dfrac{y}{xy+1}$, $f_y(x,y) = -\dfrac{1}{y(xy+1)}$

(8) $f_x(x,y) = (2x+y)\cos(x^2 + xy - y^2)$, $f_y(x,y) = (x-2y)\cos(x^2 + xy - y^2)$

(9) $f_x(x,y) = -\dfrac{1}{x^2 y \cos^2 \frac{1}{xy}}$, $f_y(x,y) = -\dfrac{1}{xy^2 \cos^2 \frac{1}{xy}}$

(10) $f_x(x,y) = -2(x-y)\sin(x-y)^2$, $f_y(x,y) = 2(x-y)\sin(x-y)^2$

(11) $f_x(x,y) = -\sin 2(x-y)$, $f_y(x,y) = \sin 2(x-y)$

(12) $f_x(x,y) = e^{xy}\{y(\cos x + \sin y) - \sin x\}$, $f_y(x,y) = e^{xy}\{x(\cos x + \sin y) + \cos y\}$

(13) $f_x(x,y) = y^2 x^{y^2-1}$, $f_y(x,y) = 2yx^{y^2} \log x$

(14) $f_x(x,y) = -\dfrac{\sin x}{\cos x + \sin y}$, $f_y(x,y) = \dfrac{\cos y}{\cos x + \sin y}$

(15) $f_x(x,y) = \dfrac{y}{x^2 + y^2}$, $f_y(x,y) = -\dfrac{x}{x^2 + y^2}$

(16) $f_x(x,y) = -\dfrac{2y}{x\sqrt{x^4 - y^2}}$, $f_y(x,y) = \dfrac{1}{\sqrt{x^4 - y^2}}$

問題解答（第 5 章 偏微分）

4. (1) $21t^2 - 12t - 6$ (2) $\dfrac{4}{(e^t + e^{-t})^2}$ (3) $\dfrac{t^2 - 1}{t^3 + t}$ (4) $\dfrac{\cos 2t}{\sqrt{2\sin 2t}}$

(5) $2t\cos 2(t^2 + 1) + 2\cos 4t$ (6) $-\dfrac{1}{2\sqrt{t}\,(1 + t)}$

5. (1) $\dfrac{\partial z}{\partial s} = 21s^2 - 12st - 6t^2$, $\dfrac{\partial z}{\partial t} = -6s^2 - 12st + 21t^2$

(2) $\dfrac{\partial z}{\partial s} = \dfrac{\partial z}{\partial t} = \dfrac{4}{(e^{s+t} + e^{-s-t})^2}$

(3) $\dfrac{\partial z}{\partial s} = \dfrac{2s^3 t^3 - 1}{s(s^3 t^3 + 1)}$, $\dfrac{\partial z}{\partial t} = \dfrac{s^3 t^3 - 2}{t(s^3 t^3 + 1)}$

(4) $\dfrac{\partial z}{\partial s} = \dfrac{s\sqrt{\sin 2t}}{\sqrt{2(s^2 - t^2)}}$, $\dfrac{\partial z}{\partial t} = -\dfrac{t\sin 2t - (s^2 - t^2)\cos 2t}{\sqrt{2(s^2 - t^2)\sin 2t}}$

(5) $\dfrac{\partial z}{\partial s} = 2s\cos 2(s^2 + t^2) + 2t\cos 4st$, $\dfrac{\partial z}{\partial t} = 2s\cos 4st + 2t\cos 2(s^2 + t^2)$

(6) $\dfrac{\partial z}{\partial s} = \dfrac{\sqrt{t}}{2\sqrt{s}\,(s + t)}$, $\dfrac{\partial z}{\partial t} = -\dfrac{\sqrt{s}}{2\sqrt{t}\,(s + t)}$

6. (1) $\dfrac{\partial z}{\partial r} = 2r\cos 2\theta$, $\dfrac{\partial z}{\partial \theta} = -2r^2 \sin 2\theta$

(2) $\dfrac{\partial z}{\partial r} = \dfrac{\sqrt{\cos\theta + \sin\theta}}{2\sqrt{r}}$, $\dfrac{\partial z}{\partial \theta} = \dfrac{\sqrt{r}\,(\cos\theta - \sin\theta)}{2\sqrt{\cos\theta + \sin\theta}}$

(3) $\dfrac{\partial z}{\partial r} = -\dfrac{4}{r^3 \sin 2\theta}$, $\dfrac{\partial z}{\partial \theta} = -\dfrac{4\cos 2\theta}{r^2 \sin^2 2\theta}$

(4) $\dfrac{\partial z}{\partial r} = re^{\frac{r^2}{2}\sin 2\theta} \sin 2\theta$, $\dfrac{\partial z}{\partial \theta} = r^2 e^{\frac{r^2}{2}\sin 2\theta} \cos 2\theta$

7. (1) $y' = -\dfrac{3x^2 + y}{x - 4y}$ $(x \neq 4y)$

(2) $y' = -\dfrac{y(2\sqrt{x} + \sqrt{y})}{x(\sqrt{x} + 2\sqrt{y})}$ $(x \neq 0)$

(3) $y' = -\dfrac{e^x \sin y - e^{-x}\cos y}{e^x \cos y - e^{-x}\sin y}$ $(e^x \cos y \neq e^{-x}\sin y)$ (4) $y' = \dfrac{2x + y}{x - 2y}$ $(x \neq 2y)$

8. (1) $f_{xx}(x, y) = 6x - 4y$, $f_{xy}(x, y) = f_{yx}(x, y) = -4x$, $f_{yy}(x, y) = 12y^2$

(2) $f_{xx}(x, y) = f_{yy}(x, y) = \dfrac{2}{(x - y)^3}$, $f_{xy}(x, y) = f_{yx}(x, y) = -\dfrac{2}{(x - y)^3}$

(3) $f_{xx}(x, y) = -\dfrac{y^2}{(x^2 - y^2)^{\frac{3}{2}}}$, $f_{xy}(x, y) = f_{yx}(x, y) = \dfrac{xy}{(x^2 - y^2)^{\frac{3}{2}}}$,

$f_{yy}(x, y) = -\dfrac{x^2}{(x^2 - y^2)^{\frac{3}{2}}}$

(4) $f_{xx}(x,y) = 2y(1+2x^2y)e^{x^2y}$, $f_{xy}(x,y) = f_{yx}(x,y) = 2x(1+x^2y)e^{x^2y}$,
$f_{yy}(x,y) = x^4 e^{x^2y}$

(5) $f_{xx}(x,y) = y(2+x)e^{x-y}$, $f_{xy}(x,y) = f_{yx}(x,y) = (1+x)(1-y)e^{x-y}$,
$f_{yy}(x,y) = x(y-2)e^{x-y}$

(6) $f_{xx}(x,y) = -\dfrac{4}{(2x-y)^2}$, $f_{xy}(x,y) = f_{yx}(x,y) = \dfrac{2}{(2x-y)^2}$, $f_{yy}(x,y) = -\dfrac{1}{(2x-y)^2}$

(7) $f_{xx}(x,y) = -y^2 \sin xy$, $f_{xy}(x,y) = f_{yx}(x,y) = \cos xy - xy \sin xy$,
$f_{yy}(x,y) = -x^2 \sin xy$

(8) $f_{xx}(x,y) = \dfrac{xy^3}{(1-x^2y^2)^{\frac{3}{2}}}$, $f_{xy}(x,y) = f_{yx}(x,y) = \dfrac{1}{(1-x^2y^2)^{\frac{3}{2}}}$,
$f_{yy}(x,y) = \dfrac{x^3y}{(1-x^2y^2)^{\frac{3}{2}}}$

9. (1) $e^{x-y} = 1 + (x-y) + \dfrac{1}{2}(x-y)^2 + \cdots$ (2) $\cos(2x+y) = 1 - \dfrac{1}{2}(2x+y)^2 + \cdots$

(3) $\dfrac{1}{1-x+y} = 1+(x-y)+(x-y)^2+\cdots$ (4) $\sqrt{1-x+y} = 1-\dfrac{1}{2}(x-y)-\dfrac{1}{8}(x-y)^2-\cdots$

(5) $\log(1-x+y) = (-x+y) - \dfrac{1}{2}(-x+y)^2 + \cdots$

(6) $e^{x+y}(\sin x + \cos y) = 1 + (2x+y) + \dfrac{1}{2}(3x^2+4xy) + \cdots$

10. (1) 極大値 1 ($(x,y)=(1,0)$)   (2) 極小値 -3 ($(x,y)=(2,1)$)

(3) 極大値 108 ($(x,y)=(-6,-18)$)   (4) 極小値 -1 ($(x,y)=(1,1)$)

(5) 極大値 2 ($(x,y)=(-1,1)$), 極小値 -2 ($(x,y)=(1,1)$)

(6) 極小値 $-\dfrac{1}{16}$ ($(x,y)=\left(\dfrac{1}{2},\dfrac{1}{4}\right), \left(-\dfrac{1}{2},-\dfrac{1}{4}\right)$)   (7) 極小値 3 ($(x,y)=(1,1)$)

(8) 極大値 $\dfrac{1}{\sqrt{2e}}$ ($(x,y)=\left(\dfrac{1}{\sqrt{2}},0\right)$), 極小値 $-\dfrac{1}{\sqrt{2e}}$ ($(x,y)=\left(-\dfrac{1}{\sqrt{2}},0\right)$)

問題 B (p. 62)

1. (1) $f_x(x,y) = 2xy(1+x^2y)e^{x^2y}$, $f_y(x,y) = x^2(1+x^2y)e^{x^2y}$

(2) $f_x(x,y) = \dfrac{2(x^2y\cos x^2y - \sin x^2y)}{x^3 y}$, $f_y(x,y) = \dfrac{x^2y\cos x^2y - \sin x^2y}{x^2y^2}$

(3) $f_x(x,y) = -\dfrac{y}{x^2}\sin\dfrac{2y}{x}$, $f_y(x,y) = \dfrac{1}{x}\sin\dfrac{2y}{x}$

(4) $f_x(x,y) = 1$, $f_y(x,y) = \dfrac{e^y - e^{-y}}{e^y + e^{-y}}$ ($= \tanh y$)

(5) $f_x(x,y) = \dfrac{2y}{\sin 2xy}$, $f_y(x,y) = \dfrac{2x}{\sin 2xy}$

(6) $f_x(x,y) = 2x(y^2+1)(x^2+1)^{y^2}$, $f_y(x,y) = 2y(x^2+1)^{y^2+1}\log(x^2+1)$

問題解答（第5章 偏微分）

(7) $f_x(x,y) = -\dfrac{\sqrt{y}\,(x+y)}{\sqrt{2x}\,(x^2+y^2)}$, $f_y(x,y) = \dfrac{\sqrt{x}\,(x+y)}{\sqrt{2y}\,(x^2+y^2)}$

(8) $f_x(x,y)\left(=\dfrac{y}{|x+y|\sqrt{xy}}\right) = \dfrac{\sqrt{|y|}}{(x+y)\sqrt{|x|}}$ （$Y = \sin^{-1} X$ の定義域 $-1 \le X \le 1$ より x と y は同符号で, $x,y > 0$ と $x,y < 0$ で場合分けして考える）, $f_y(x,y) = -\dfrac{\sqrt{|x|}}{(x+y)\sqrt{|y|}}$

2. (1) 調和関数である (2) 調和関数でない (3) 調和関数である (4) 調和関数である (5) 調和関数でない (6) 調和関数である

3. (1) $y' = \dfrac{x-2y}{2x-3y}\ \left(y \ne \dfrac{2}{3}x\right)$, $y'' = -\dfrac{x^2-4xy+3y^2}{(2x-3y)^3}\ \left(y \ne \dfrac{2}{3}x\right)$

(2) $(-2,-1),\ (2,1)$ (3) 極大値 -1 ($x=-2$), 極小値 1 ($x=2$)

4. (1) 合成関数の偏微分法 (p.55) を使えば容易に分かる

(2) (1) を利用して右辺を計算すればよい

(3) (1) より $\dfrac{\partial^2 z}{\partial r^2} = \dfrac{\partial}{\partial r}\left(\dfrac{\partial z}{\partial x}\right)\cos\theta + \dfrac{\partial}{\partial r}\left(\dfrac{\partial z}{\partial y}\right)\sin\theta$,

$\dfrac{\partial^2 z}{\partial \theta^2} = -\left\{\dfrac{\partial}{\partial\theta}\left(\dfrac{\partial z}{\partial x}\right)r\sin\theta + \dfrac{\partial z}{\partial x}r\dfrac{\partial}{\partial\theta}\sin\theta\right\} + \left\{\dfrac{\partial}{\partial\theta}\left(\dfrac{\partial z}{\partial y}\right)r\cos\theta + \dfrac{\partial z}{\partial y}r\dfrac{\partial}{\partial\theta}\cos\theta\right\}$

であり, 合成関数の偏微分法を利用して $\dfrac{\partial}{\partial r}\left(\dfrac{\partial z}{\partial x}\right)$, $\dfrac{\partial}{\partial r}\left(\dfrac{\partial z}{\partial y}\right)$, $\dfrac{\partial}{\partial\theta}\left(\dfrac{\partial z}{\partial x}\right)$, $\dfrac{\partial}{\partial\theta}\left(\dfrac{\partial z}{\partial y}\right)$ を計算すれば分かる

5. (1) $f(x,y) = x^2 y^3$ とおき, $x=1$, $y=3$, $\Delta x = 0.01$, $\Delta y = -0.01$ を近似式に代入すると, $f(1.01, 2.99) - f(1,3) \fallingdotseq f_x(1,3)\cdot 0.01 + f_y(1,3)(-0.01)$ ∴ $1.01^2 \times 2.99^3 \fallingdotseq 27 + 54\cdot 0.01 - 27\cdot 0.01 = 27.27$ (2) 33.12 (3) 70.77 (4) 2.99

6. (1) $z = 2\sqrt{2}\,x + 2y - 3$ (2) $z = 2x - 2y + 1$ (3) $z = 27x - 12y - 38$ (4) $z = \dfrac{1}{3}x + \dfrac{4}{3}y$

(5) $z = x + y + 1$ (6) $z = -2x - y + \pi$

7. (1) $f_x(x,y,z) = y^2 z^3$, $f_y(x,y,z) = 2xyz^3$, $f_z(x,y,z) = 3xy^2 z^2$

(2) $f_x(x,y,z) = -\dfrac{1}{x^2 y^2 z^3}$, $f_y(x,y,z) = -\dfrac{2}{xy^3 z^3}$, $f_z(x,y,z) = -\dfrac{3}{xy^2 z^4}$

(3) $f_x(x,y,z) = \dfrac{\sqrt{y}+\sqrt{z}}{2\sqrt{x}}$, $f_y(x,y,z) = \dfrac{\sqrt{x}+\sqrt{z}}{2\sqrt{y}}$, $f_z(x,y,z) = \dfrac{\sqrt{x}+\sqrt{y}}{2\sqrt{z}}$

(4) $f_x(x,y,z) = y\cos xy\cos z - \sin yz\sin x$, $f_y(x,y,z) = x\cos xy\cos z + z\cos yz\cos x$, $f_z(x,y,z) = -\sin xy\sin z + y\cos yz\cos x$

第6章　2重積分

問題A (p.69)

1. (1) $\dfrac{1}{2}$　(2) -1　(3) 1　(4) 21　(5) $e^2 - \dfrac{2}{e} + \dfrac{1}{e^4}$　(6) 2π　(7) $e^2 - 3$　(8) $2 - 3\log 3$

2. (1)

$\begin{cases} 0 \le y \le -x+2 \\ 0 \le x \le 2 \end{cases}$

または

$\begin{cases} 0 \le x \le -y+2 \\ 0 \le y \le 2 \end{cases}$

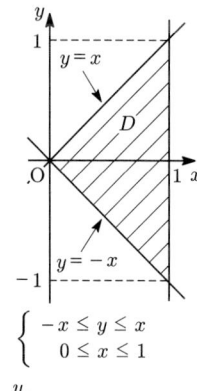

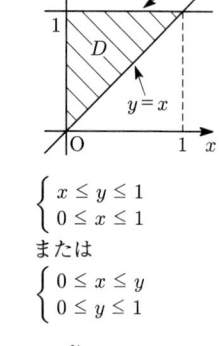

(2)

$\begin{cases} -x \le y \le x \\ 0 \le x \le 1 \end{cases}$

(3)

$\begin{cases} x \le y \le 1 \\ 0 \le x \le 1 \end{cases}$

または

$\begin{cases} 0 \le x \le y \\ 0 \le y \le 1 \end{cases}$

(4)

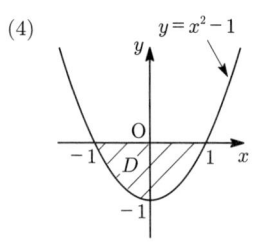

$\begin{cases} x^2 - 1 \le y \le 0 \\ -1 \le x \le 1 \end{cases}$

または

$\begin{cases} -\sqrt{y+1} \le x \le \sqrt{y+1} \\ -1 \le y \le 0 \end{cases}$

(5)

$\begin{cases} 2x \le y \le -x^2 + 4x \\ 0 \le x \le 2 \end{cases}$

または

$\begin{cases} 2 - \sqrt{4-y} \le x \le \dfrac{1}{2}y \\ 0 \le y \le 4 \end{cases}$

(6)

$\begin{cases} y^2 \le x \le -y^2 + 2 \\ -1 \le y \le 1 \end{cases}$

(7)

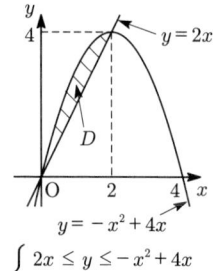

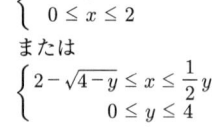

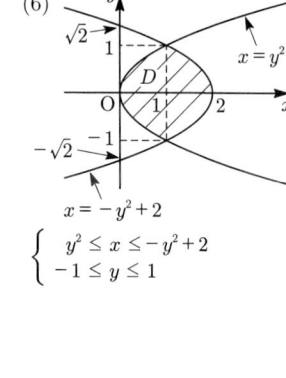

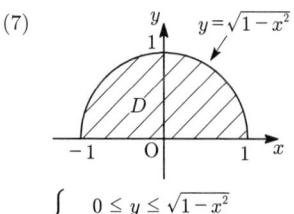

$\begin{cases} 0 \le y \le \sqrt{1-x^2} \\ -1 \le x \le 1 \end{cases}$

または

$\begin{cases} -\sqrt{1-y^2} \le x \le \sqrt{1-y^2} \\ 0 \le y \le 1 \end{cases}$

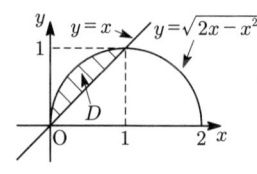

(8)

$\begin{cases} x \le y \le \sqrt{2x - x^2} \\ 0 \le x \le 1 \end{cases}$

または

$\begin{cases} 1 - \sqrt{1-y^2} \le x \le y \\ 0 \le y \le 1 \end{cases}$

$\begin{pmatrix} \text{曲線 } y = \sqrt{2x - x^2} \text{ は} \\ \text{円 } (x-1)^2 + y^2 = 1 \\ \text{の } y \ge 0 \text{ の部分} \end{pmatrix}$

問題解答 (第 6 章 2 重積分)

3. (1) 0　(2) $\dfrac{1}{6}$　(3) $1 - \dfrac{2}{e}$　(4) $-\dfrac{4}{15}$　(5) $\dfrac{32\sqrt{2}}{35}$　(6) $\dfrac{8}{3}$　(7) $\dfrac{2}{3}$　(8) $-\dfrac{1}{30}$

4. (1) $\dfrac{11}{24}$　(2) $\dfrac{1}{3e^3} - \dfrac{1}{2e^2} + \dfrac{1}{6}$　(3) $2\log 2 - 1$　(4) $\dfrac{9}{70}$　(5) $-\dfrac{45}{4}$　(6) $\dfrac{32}{5}$　(7) $\dfrac{8\sqrt{2}}{15}$

(8) $\dfrac{1}{6}$

5. (1) $-\dfrac{1}{10}$　(2) $\dfrac{1}{8}$　(3) $-\dfrac{1}{16}$　(4) $\dfrac{1}{2}\left(1 - \dfrac{1}{e}\right)$

6. (1) $\dfrac{\pi}{4}$　(2) $\dfrac{3}{4}\pi$　(3) $\dfrac{2}{3}$　(4) $\dfrac{\pi}{2}\left(1 - \dfrac{1}{e^2}\right)$　(5) $2(\sqrt{2} - 1)\pi$　(6) $\dfrac{4}{3}\pi$

7. (1) $\dfrac{1}{6}$　(2) π　(3) $\dfrac{16}{3}\pi$　(4) $\dfrac{28}{3}\pi$　(5) 2π　(6) $\dfrac{8\sqrt{2} - 7}{6}\pi$　(7) $\dfrac{4(8 - 3\sqrt{3})}{3}\pi$

(8) $\dfrac{2}{9}(3\pi - 4)$　$\left((1 - \cos^2\theta)^{\frac{3}{2}} = (\sin^2\theta)^{\frac{3}{2}} = |\sin^3\theta|\;\text{より},\right.$

$\left.\displaystyle\int_{-\frac{\pi}{2}}^{\frac{\pi}{2}} (1 - \cos^2\theta)^{\frac{3}{2}}\, d\theta = \int_{-\frac{\pi}{2}}^{\frac{\pi}{2}} |\sin^3\theta|\, d\theta = 2\int_0^{\frac{\pi}{2}} \sin^3\theta\, d\theta\;\text{に注意}\right)$

8. (1) $\dfrac{\sqrt{3}}{2}$　(2) π　(3) 8π　(4) $\dfrac{13}{3}\pi$　(5) $4(2 - \sqrt{3})\pi$

(6) $\pi - 2$　$\left(\sqrt{1 - \cos^2\theta} = \sqrt{\sin^2\theta} = |\sin\theta|\;\text{より},\right.$

$\left.\displaystyle\int_{-\frac{\pi}{2}}^{\frac{\pi}{2}} \sqrt{1 - \cos^2\theta}\, d\theta = \int_{-\frac{\pi}{2}}^{\frac{\pi}{2}} |\sin\theta|\, d\theta = 2\int_0^{\frac{\pi}{2}} \sin\theta\, d\theta\;\text{に注意}\right)$

問題 B (p. 73)

1. $\displaystyle\iint_{\substack{a \leq x \leq b \\ c \leq y \leq d}} g(x)h(y)\, dxdy = \int_c^d \left\{\int_a^b g(x)h(y)\, dx\right\} dy$

$\overset{\text{①}}{=} \displaystyle\int_c^d \left\{h(y)\int_a^b g(x)\, dx\right\} dy \overset{\text{②}}{=} \left\{\int_a^b g(x)\, dx\right\}\left\{\int_c^d h(y)\, dy\right\}$

(① $h(y)$ が x によらないことより　② $\displaystyle\int_a^b g(x)\, dx$ が y によらないことより)

(1) $\dfrac{\pi}{3}$　(2) $e(e - 2)$　(3) $\dfrac{1}{2}\left(1 - \dfrac{1}{e}\right)^2$　(4) -2

2. (1) 2　(2) $\dfrac{\pi}{48} + \dfrac{2 - \sqrt{3}}{4}$　(3) $\dfrac{128}{5}$　(4) $\dfrac{1}{2}(e^\pi + 1)$　(5) $\dfrac{\pi}{4} - \dfrac{1}{2}$　(6) $\dfrac{1}{2}\left(1 - \dfrac{1}{e}\right)$

3. (1) $\dfrac{2\sqrt{2} - 1}{6}$　(2) $\dfrac{1}{2}(1 - \log 2)$　(3) $\dfrac{1}{2}\left(1 - \dfrac{1}{e}\right)$　(4) $\dfrac{\pi}{4} - \dfrac{1}{2}\log 2$　(5) $\dfrac{3}{4}$　(6) $\dfrac{2}{3}$

4. (1) $\dfrac{1}{24}$　(2) $-\dfrac{1}{4}$　(3) $\dfrac{4}{3}$　(4) π

5. $|J| = J = r^2 \sin\theta$　(1) $\dfrac{2}{5}\pi$　(2) $\dfrac{\pi}{4}$

索　引

い
陰関数の導関数 ･････････････ 55

か
加法定理 ･････････････････ 10

き
逆関数の微分法 ･･･････････ 20
逆三角関数 ･･･････････････ 12
極限 ･････････････････････ 17
　　不定形の―― ･･････････ 21
極座標変換 ･･･････････････ 67
極小値 ･･･････････････････ 58
曲線の長さ ･･･････････････ 40
極大値 ･･･････････････････ 58
極値 ･････････････････ 23, 57

こ
広義積分 ･････････････ 40, 52
合成関数 ･････････････ 20, 55
　　――の微分法 ･･････ 20, 55
　　――の偏微分法 ･･･････ 55
弧度法 ･･･････････････････ 7

さ
三角関数 ･･･････････････ 7, 8
　　逆―― ････････････････ 12
　　――の合成 ･･･････････ 11
　　――の周期 ･･･････････ 9
三角比 ･･･････････････････ 7
3重積分 ･････････････････ 74

し
指数 ･････････････････････ 1
　　――関数 ･･･････････････ 1
　　――の拡張 ･･･････････ 1
　　――法則 ･･･････････････ 1
自然対数 ･･･････････････ 17
商の微分 ･･･････････････ 20

せ
積の微分 ･･･････････････ 20
積分 ･････････････････････ 33
　　広義―― ･････････ 40, 52
　　3重―― ･･･････････････ 74
　　――定数 ･･･････････ 33
　　定―― ･･･････････････ 38
　　特異―― ･････････････ 52
　　2重―― ･･･････････････ 65
　　不定―― ･･･････････ 33
　　無限―― ･････････････ 52
接線の方程式 ･･･････････ 19
接平面の方程式 ･････････ 63
全微分 ･････････････････ 63

そ
双曲線関数 ･････････････ 26

た
第n次導関数 ･･･････････ 22
第2次偏導関数 ･･･････････ 56
対数 ･････････････････････ 2
　　――関数 ･･･････････････ 3

——微分法 ･････････････････････ 20
縦線形領域 ･･･････････････････････ 66
単位円 ･････････････････････････････ 8
単調減少 ･･････････････････････････ 3
単調増加 ･･････････････････････････ 3

ち
置換積分法 ････････････････････ 34, 39
長方形領域 ･･･････････････････････ 65
調和関数 ･････････････････････････ 62

て
底 ･････････････････････････････････ 2
定積分 ･･････････････････････････ 38
テイラー展開 ･･････････････････ 22, 56

と
導関数 ･･････････････････････････ 19
　　陰関数の—— ････････････････ 55
　　第 n 次—— ････････････････ 22
特異積分 ･･･････････････････････ 52

に
2 重積分 ････････････････････････ 65
2 倍角の公式 ･･････････････････ 10
2 変数関数 ････････････････････ 53

ね
ネイピアの数 ･････････････････････ 17

は
媒介変数表示された関数の微分法 ･････ 30
半角の公式 ･･････････････････････ 10

ひ
微分 ･･･････････････････････････ 17
　　商の—— ････････････････････ 20

積の—— ･････････････････････････ 20
　　全—— ･････････････････････････ 63
微分係数 ･････････････････････････ 18
　　偏—— ･････････････････････････ 53
表面積 ･･･････････････････････････ 68

ふ
不定形の極限 ････････････････････ 21
不定積分 ･････････････････････････ 33
部分積分法 ･････････････････････ 34, 39
部分分数分解 ･･･････････････････ 35, 36

へ
変曲点 ･･･････････････････････････ 24
変数変換 ･････････････････････････ 67
偏導関数 ･････････････････････････ 54
　　第 2 次—— ･･･････････････････ 56
偏微分係数 ･･････････････････････ 53

ま
マクローリン展開 ･･････････････ 22, 57

む
無限積分 ･････････････････････････ 52
無理関数 ･････････････････････････ 37

や
ヤコビアン ･･･････････････････････ 67

ゆ
有理関数 ･･･････････････････････ 35, 36

よ
横線形領域 ･･････････････････････ 66

ら
ライプニッツの公式 ･････････････ 30

索 引

ラ
ラジアン・・・・・・・・・・・・・・・・・・・・・・・・・・・ 7
ラプラス方程式 ・・・・・・・・・・・・・・・・・・・ 62

り
領域・・・・・・・・・・・・・・・・・・・・・・・・・・・・・・ 65

ろ
ロピタルの定理 ・・・・・・・・・・・・・・・・・・・ 21

わ
和と積の公式 ・・・・・・・・・・・・・・・・・・ 10, 11

著者紹介

神永正博（かみなが まさひろ）
1967年　東京に生まれる
1991年　東京理科大学理学部数学科卒業
1994年　京都大学大学院理学研究科数学専攻博士課程中退
1994年　東京電機大学理工学部助手
1998年　日立製作所　中央研究所
2004年　東北学院大学工学部専任講師
2005年　同助教授
2007年　同准教授（名称変更により）
2011年　同教授
　　　　現在に至る
博士（理学）（大阪大学）

藤田育嗣（ふじた やすつぐ）
1971年　大阪に生まれる
1995年　東北大学理学部数学科卒業
2003年　東北大学大学院理学研究科数学専攻博士課程後期修了
2008年　日本大学生産工学部助教
2011年　同准教授
2016年　同教授
　　　　現在に至る
博士（理学）（東北大学）

2013 年 4 月 5 日　第 1 版 発 行
2018 年 4 月 5 日　第 2 版 発 行
2023 年 4 月 25 日　第 2 版 2 刷発行

著者の了解により検印を省略いたします

計算力をつける
微分積分 問題集

著　者　神 永 正 博
　　　　藤 田 育 嗣
発行者　内 田　　学
印刷者　山 岡 影 光

発行所　株式会社　内田老鶴圃　〒112-0012 東京都文京区大塚3丁目34番3号
　　　　電話 03(3945)6781(代)・FAX 03(3945)6782
http://www.rokakuho.co.jp/　　　　印刷・製本/三美印刷 K.K.

Published by UCHIDA ROKAKUHO PUBLISHING CO., LTD.
3-34-3 Otsuka, Bunkyo-ku, Tokyo, Japan

U. R. No. 598–3

ISBN 978-4-7536-0131-8 C3041　　©2013 神永正博，藤田育嗣

計算力をつける微分積分
神永正博・藤田育嗣 著　本体2000円・172頁・A5判

計算力をつける微分積分 問題集
神永正博・藤田育嗣 著　本体1200円・112頁・A5判

微分積分を道具として利用するための入門書．微積の基本が「掛け算九九」のレベルで計算できるように工夫．

　　第1章　指数関数と対数関数　　　　第4章　積　　　分
　　第2章　三角関数　　　　　　　　　第5章　偏微分
　　第3章　微　　　分　　　　　　　　第6章　2重積分

計算力をつける線形代数
神永正博・石川賢太 著　本体2000円・160頁・A5判

より計算力の養成に重点を置く構成で，問，章末問題共に計算練習を中心とする．抽象的展開を避け「連立方程式の解き方」「ベクトル, 行列の扱い方」を重点的に説明．

　第1章　線形代数とは何をするものか？　　第8章　余因子行列とクラメルの公式
　第2章　行列の基本変形と連立方程式 (1)　　第9章　ベクトル
　第3章　行列の基本変形と連立方程式 (2)　　第10章　空間の直線と平面
　第4章　行列と行列の演算　　　　　　　　第11章　行列と一次変換
　第5章　逆行列　　　　　　　　　　　　　第12章　ベクトルの一次独立，一次従属
　第6章　行列式の定義と計算方法　　　　　第13章　固有値と固有ベクトル
　第7章　行列式の余因子展開　　　　　　　第14章　行列の対角化と行列の k 乗

計算力をつける応用数学
魚橋慶子・梅津 実 著　本体2800円・224頁・A5判

計算力をつける応用数学 問題集
魚橋慶子・梅津 実 著　本体1900円・140頁・A5判

大学・高専で学ぶことの多い常微分方程式，フーリエ・ラプラス解析，複素関数の分野に絞り，計算問題を中心として解説．計算力の養成に力を注ぐ．

　　　第0章　複素数　　　　　　　　　　第3章　ラプラス変換
　　　第1章　常微分方程式　　　　　　　第4章　複素関数
　　　第2章　フーリエ級数とフーリエ変換

計算力をつける微分方程式
藤田育嗣・間田 潤 著　本体2000円・144頁・A5判

例題のすぐ後に，その例題の解法を参考にすれば解くことができる問題を配置．第0章から第3章までは微分方程式を「解く」ことに専念し，付章「物理への応用」でなぜ微分方程式が必要かを具体的に示す．

　　　第0章　微分方程式とは？　　　　　第3章　級数解
　　　第1章　1階微分方程式　　　　　　付　章　物理への応用
　　　第2章　定数係数2階線形微分方程式　　　A.1 物体の運動　A.2 電気回路

表示価格は税別の本体価格です．　　　　　　　　　　http://www.rokakuho.co.jp/